ビジネス力 × 技術力 ＝ 価値創出

AI・データ分析プロジェクトのすべて

大城信晃 [監修・著]

マスクド・アナライズ／
伊藤徹郎／小西哲平／
西原成輝／油井志郎 [著]

技術評論社

はじめに

「21世紀で最もセクシーな職業」とも言われたデータサイエンティストの誕生から約10年、多くの個人・企業がAI・データ分析プロジェクトにチャレンジしてきました。成功するプロジェクトと失敗するプロジェクト、それぞれの違いはどこからなのでしょうか。

ここで読者のみなさんへ質問です。AI・データ分析プロジェクトを成功させるために必要なスキルといえば何を思い浮かべますか？ 10秒くらい考えてみてください……

大量のデータを扱うためのデータベースのスキル、データを適切に加工するためのデータハンドリング技術、データの見える化による意思決定を助ける可視化スキル、古典的な解析手法からディープラーニングなど……、このような「テクノロジー」に関連する回答はすぐに思いつくのではないでしょうか。

さて、ではみなさんの答えの中に「ビジネス」に関するスキルは含まれていたでしょうか？

分析テーマに着手する前のビジネスインパクトの見積もり、分析後の実行可能性を考慮したアクションプランニング、外部リソースの活用の検討、経営層への期待値調整、プロジェクトの収益化・継続化、などが本書でふれる「ビジネス」スキルに該当します。

地味にも見えるこれらのビジネススキルは、技術を追求する技術者・分析者からは敬遠されがちな要素ですが、プロジェクトの成否に欠かせません。ビジネススキルも一人前のデータサイエンティストに求められる技術の1つなのです。「テクノロジー」と「ビジネス」のスキルが両輪となり、初めてAI・データ分析プロジェクトは価値を創出できます。

たとえば、自社の社長から「AI技術を用いて売上を増加させるプロジェクトを立案してくれ」と言われた場合、あなたならどうするでしょうか？書店やセミナーで情報を集め、企画を立てることになると思いますが、多くのAI・データ分析プロジェクトでは次のようにさまざまな罠が待ち構えています。

表 プロジェクトのフェーズ別の罠とビジネススキルの使いどころ

プロジェクトの フェーズ	待ち構えるさまざまな罠 (一例)	ビジネススキルの使いどころ (一例)
テーマ選定	他社でも実現していない斬新なテーマを立案するものの、参考にできる情報がなく失敗してしまう	既存事例のある確度の高いテーマから着手するように社長を説得する。どうしても新規テーマに着手せざるを得ない場合は、試行錯誤を前提とするスケジュールを調整する。最初から正解にたどり着かなくとも、仮説を1つ1つ検証していくことに価値があるということを理解してもらう
データ収集・予測モデル構築	とりあえずやってみようの精神で、社内に散らばるデータを何でも集めて分析・予測モデルの構築を行ってみるが、時間ばかりかかり、失敗してしまう	既存事業の改善の場合、まずは現場経験の豊富な実務担当者へのヒアリングを実施する。手当たり次第データを集めるのではなく、人間が判断する際に参考としているデータを優先的に集める。データ収集に時間がかかる場合はまず一部のサンプリングデータで検証のみ行い、本格的にデータを集めるかを判断する
チームビルディング	自社にデータ分析の経験者がおらず、また本業のタスクもあるため、週に1日程度しかデータ分析プロジェクトに関われず、プロジェクトが進捗しない	プロジェクト全体の見通しを立てるため、経験豊富な社外のアドバイザーの力を借りる。そのうえで社内公募や外部人材の活用によって適切な人員計画を立て、プロジェクト推進に必要な時間を確保できるよう業務調整を行う。既存業務の負荷が減らない場合はまずそちらの業務改善のための分析プロジェクトを立案する。中長期的には分析組織として独り立ちし、独立採算がとれる組織体制を目指す
ビジネスメリット	さまざまな分析を行い、売上アップに寄与できる施策の立案に至ったが、社内事情や法律の制限によりその施策を実施できなかった。または、一部の課題に対しては適用できたものの十分なビジネスインパクトを得られなかった	プロジェクトの初期の段階で、複数の施策の実行可能性とビジネスインパクトに関する出口戦略について検討し、プロジェクト終盤で施策を実行できないというリスクを回避する。またはプロジェクト期間中に関係各所にあらかじめ根回しを行うことで、施策の実現可能性を上げておく

　表はほんの一例ですが、これ以外にもさまざまな罠があります。これらの罠を避けるためのノウハウは、これまでAI・データ分析プロジェクトに取り組んだ経験のある企業にしか蓄積されず、本来はOJT（オン・ザ・ジョブ・トレーニング）で教えられるような外部に出ない秘伝のタレの

ようなものでした。

　ご安心ください。本書はこれからプロジェクトを始める方々に、百戦錬磨のデータサイエンティストたちが、その多くは苦く辛い経験をもとにした「ビジネス」スキルの勘所をプロジェクト全体を通して解説していきます。プロジェクトに潜む「さまざまな罠」にはまらず、（データ分析と同様に）再現性高く、スムーズにプロジェクトを動かしてほしいという想いで書かれています。

　AI・データ分析プロジェクトにはさまざまな悩みがつきものです。本書を読むことで、次のような悩みを明らかにできるでしょう。

表　本書で得られること

AI・データ分析プロジェクトにおける悩み	（読了後）解決できた
AI・データ分析プロジェクトに配属されたが、進め方がわからない	プロジェクト全体の進め方がわかる
データ収集と課題設定のどちらから始めるべきかわからない	まず課題設定から始めるべきということがわかる
どのようなスキルセットを持った人材を集めればよいかわからない	プロジェクトに応じたスキルセットと、人材採用の条件の明記が重要なことがわかる。また採用だけではなく、外部人材の活用についての視点も得られた
データサイエンティストとして、どのようなスキルセットを習得すべきかわからない	自身の今後目指したいキャリアパスをふまえ、どのようなスキルセットから身につけるべきかのヒントが得られた
データや技術に関する知識はあるが、ビジネスに活かす方法がわからない	収益化や各業界での活用例がわかり、自社の立ち位置に置き換えて考えるヒントが得られた
BIツールや分析基盤の構築を検討しているが、どのような基準で基盤を選定すればよいかわからない	一般的な各種BIツールやクラウド基盤についての基本的な情報が得られた。またそもそも独自に分析基盤を構築すべきかどうかという一段上の視座が得られた
数年前にデータ分析やAIの部署を起ち上げたが、ビジネス価値が出せずコストセンターになっており悩んでいる	プロジェクトのビジネス価値を出し、さらには社内の新たな課題に取り組むことで、継続的にデータ分析組織を維持し、拡大するための知見が得られた

この表からも、本書が技術知識に偏らないビジネススキルに焦点を当てて解説していることがわかっていただけると思います。今後みなさんが取り組まれる AI・データ分析プロジェクトのさまざまな罠の回避に寄与し、成功に導くガイドとなれば幸いです。

読者層別の利用方法

本書は、学生から実務経験豊富なデータサイエンティストまで、さまざまな方を対象にしています。考えられる読者別に、どのような読み方ができるか紹介します。ご自身の状況に合わせた本書の活用方法の参考にしてください。

また、各節のすべてにそれぞれの対象読者をチェックボックスで示していますので、ご自身の状況に合わせて参考にする節を判断する目安にしてください。

次にみなさんがどの対象読者に相当するかのフローチャートを示します。

図　本書のチェックボックスで示す対象読者を判断するフローチャート

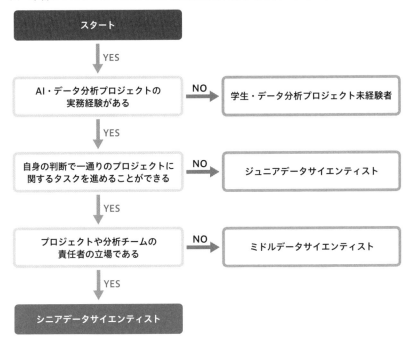

1. 学生・データ分析プロジェクト未経験者

　学生やすでに社会人として働かれている方の中で、AI・データ分析に興味はあるものの実務経験がない方を想定しています。

　本書を読むことでデータサイエンティストになるためのスキルセットや、どのようにデータ分析を本業にするかといったキャリアパスに関する情報を得ることができます。またAI・データ分析プロジェクトではどのようなビジネスメリットが得られるのか、各業界がどのようにテクノロジーをビジネスに活用しているのか、といった事例について知ることができます。なお具体的なデータ分析の技術知識については詳細にふれていませんので、各章末の参考図書やほかの書籍をあたってください。

2. ジュニアデータサイエンティスト

本書で定義するジュニアデータサイエンティストとは、データ分析組織を持っている企業の中で、先輩のデータサイエンティストの指示を仰ぎながら日々業務に取り組んでいる方を想定します。

本書では、プロジェクト全体の進め方や注意すべきポイントについて幅広く取り上げています。ご自身のタスクがプロジェクトの中ではどのプロセスにあたるのか、現在のタスクの次にどのような工程があるのか、といったプロジェクト全体の概要をつかむことができます。

著者陣の仕事の進め方やアドバイスも盛り込まれているので、本書を参考に一人前のデータサイエンティストを目指してください。

3. ミドルデータサイエンティスト

本書では、ジュニアデータサイエンティストを数年経験し、一通りのデータ分析業務を自身の判断で進めることができる状態を想定します。ミドルデータサイエンティストは、分析プロジェクトや分析チームのマネジメントに関しても期待される時期です。

本書では分析手法だけでなく、プロジェクトをどのように提案し、案件を獲得し、最終的に収益化につなげるのか、といったビジネス観点での説明を盛り込んでいます。またデータ分析組織の拡大や人材採用の際のポイントなどにもふれています。

分析者として経験を積まれたみなさんが、プロジェクトマネジメントにも精通するシニアデータサイエンティストとしての役割にステップアップするための参考情報となれば幸いです。

4. シニアデータサイエンティスト

本書の最終的なゴールイメージです。ミドルデータサイエンティストからさらに実務経験を重ねることで、プレーヤーとしてだけではなく、プロジェクトや組織全体のマネジメント経験も豊富なゼネラリストとして活躍されている方を想定しています。おそらくこの段階であればご自身でデータ分析組織を起ち上げたり、または独立してAIやデータ分析の会社を起ち上げることもできると思います。

本書は、シニアデータサイエンティストのみなさんはすでにご存知の情報が多いと思いますので、たとえば後輩のジュニアデータサイエンティストの育成や、インターンとして雇い入れた学生の教材など、後進の育成にご活用いただければ幸いです。

5. 教育機関に関わる方、企業の代表者

　本書はおもにジュニアデータサイエンティストに向けたプロジェクト推進の指南書ですが、たとえば、ご自身が会社の代表者であり、これからデータ分析の部署を起ち上げようと考えられている方や、教育機関で学生のデータサイエンス教育をご指導される立場の方もいらっしゃると思います。

　直接みなさんが実務で AI・データ分析のプロジェクトに関わることがなくても、実務の現場の雰囲気をつかむには有益でしょう。

▋ 本書の構成

　本書はプロジェクトの準備から、案件化するための入口、プロジェクト化したあとの実行、プロジェクトの成果の出口までの 4 部、全 12 章で構成しています。

　プロジェクトを推進していくうえで出てくるさまざまな話題に関して、節単位で取り上げています。第 1 章から順に通して読んでもよいですし、章や節のタイトルを見て、興味のあるテーマから読んでもかまいません。

　次に各部の説明と各章と読者層別のお勧めについて紹介します。

　「第 1 部 プロジェクトの準備」では、業界の基礎知識やキャリア、情報収集に関する章です。データサイエンティストに興味をお持ちの方はご一読をお勧めいたします。

表　第1部の概要と読者層別お勧め

章	タイトル	学生	ジュニア	ミドル
1	AI・データ分析業界の概要	◎	○	
2	データサイエンティストのキャリアと雇用	◎	○	○
3	AI・データサイエンティストの実務と情報収集	◎	◎	○

　「第2部 プロジェクトの入口」は「ビジネススキル」に関する記述の多い部です。プロジェクトの入口にあたるこれらの章では、AI・データ分析案件を始めるためには、どのようなことを考え行動すればよいか、という内容を記載しています。新規にデータ分析のプロジェクトを自社で起ち上げたい、という方はまずここから読むとよいでしょう。

表　第2部の概要と読者層別お勧め

章	タイトル	学生	ジュニア	ミドル
4	社内案件の獲得と外部リソースの検討		○	◎
5	データのリスクマネジメントと契約		○	◎

　「第3部 プロジェクトの実行」には、データ分析を行う際の「テクノロジー」に関する話題が多く含まれます。またプロジェクトマネジメントの視点や、結果をどのように伝えるか、といった「ビジネス」スキルの観点も含まれます。

　実現したいテーマによって、データや分析手法が異なりますので、本書で大体の方向性が決まったら、ほかの専門書籍なども参考にしながら詳細を詰めるとよいでしょう。

表　第3部の概要と読者層別お勧め

章	タイトル	学生	ジュニア	ミドル
6	AI・データ分析プロジェクトの起ち上げと管理		○	◎
7	データの種類と分析手法の検討	○	◎	○
8	分析結果の評価と改善	○	◎	◎
9	レポーティングとBI	○	◎	○
10	データ分析基盤の構築と運用		○	◎

　「第4部　プロジェクトの出口」は、本書の特徴の1つでもある「ビジネス」に関する内容です。データ分析プロジェクトや分析組織の維持には相応のコストがかかりますので、どのような点でビジネスバリューを出すかが重要です。

　第12章は業界別の事例をプロジェクト経験者が紹介しています。業界によって用いるデータも手法も外部環境もまったく異なります。その業界のプロジェクトに関わることになった場合は各章の記述を参考にしてください。

表　第4部の概要と読者層別お勧め

章	タイトル	学生	ジュニア	ミドル
11	プロジェクトのバリューと継続性		○	◎
12	業界事例	◎	◎	◎

　また、各節内に読んだあとにどのような行動に移ってほしいかを「Next Action」として記述しています（なお、本書の中では分析結果から施策につなげる際にも「（施策に向けた）ネクストアクション」という用語を使うことがありますが、それぞれ別の意味を指しています）。

　各章末には各節の内容をもとにした「チェックシート」を用意しています。プロジェクトを進めるにあたっての参考にしてください。

▐▌ 謝辞

　本書の監修を担当した大城です。まず本書を手にとっていただいたみなさんに、執筆者一同を代表して、感謝申し上げます。

　福岡大学 3 回生の横溝綾馬君、学生視点での本書のレビューをありがとう。何より「ビジネスとテクノロジーのかけ算」というキーワードを発案してくれたのは著者一同、目から鱗でした。

　また技術評論社の高屋さんとは 2010 年に起ち上げた Tokyo.R のコミュニティ時代からのつながりですが、お仕事では今回初めてご一緒させていただきました。初めての執筆メンバーもいる中で企画から全編通してのアドバイス、編集作業とご協力いただきまして、ありがとうございました。2020 年という節目の年に AI やデータサイエンスのこの 10 年を振り返るきっかけをいただきまして、感謝しています。

　本書にはデータサイエンティストとして現役で活躍している、業界も所属企業も異なる執筆者 5 名および私のおもに実体験から得られたノウハウが詰まっています。データサイエンティストは会社によってデータと扱うテーマが異なることから、ある意味職人技的なノウハウがたまりやすい分野だと思いますが、今回はこの執筆を機に、単なる誰か 1 人の意見というよりは各自がそうだよねと思える共通認識を得ながらまとめることができました。

　また著者陣もいろいろな勉強会やセミナーに顔を出す「会えるデータサイエンティスト」ですので、本書の感想や議論、また本書で語れなかった部分はぜひお気軽にご連絡をいただければと思います。我々も書籍では語り足りない部分もありますし、読者のみなさんがお持ちのノウハウや課題感もあると思いますので、本書をきっかけに AI・データ分析プロジェクトを推進する同士として、交流を深められれば幸いです。

　　　　企画から約 1 年、少しずつ冬の訪れを感じる福岡の自室にて
　　　　　　　　　　　　　　　　　　　　　　　　　　　　大城

┃┃ CONTENTS

はじめに ……………………………………………………………………………………………… iii

第1部 プロジェクトの準備   1

第1章　AI・データ分析業界の概要 ……………………………………… 3

1-1　AI・データ分析業界の歩み …………………………………… 4
　　　データサイエンティスト以前 ……………………………………… 4
　　　データサイエンティストの誕生と AI ブーム ……………………… 5
　　　ビッグデータとクラウドの登場 …………………………………… 5
　　　変わりゆくデータ分析 ……………………………………………… 6

1-2　世界と日本の AI・データ分析企業 …………………………… 8
　　　アメリカの強さ ……………………………………………………… 8
　　　中国の独自路線 ……………………………………………………… 9
　　　日本の状況 …………………………………………………………… 9

1-3　従来のシステム開発と AI プロジェクトは何が違うのか …… 12
　　　従来型システム開発との違い ……………………………………… 12
　　　データの重要性 ……………………………………………………… 13
　　　契約と責任 …………………………………………………………… 13

1-4　PoC で終わらないための AI プロジェクト入門 ……………… 16
　　　AI じゃないとダメですか？ ………………………………………… 16
　　　"使える"AI にするための PoC …………………………………… 17
　　　本開発における注意事項 …………………………………………… 18
　　　第 1 章のチェックリスト ………………………………………… 21

第2章　データサイエンティストのキャリアと雇用 ……………… 23

2-1　データサイエンティストのスキルセット …………………… 24
　　　ビジネススキル ……………………………………………………… 24
　　　データサイエンススキル …………………………………………… 25
　　　データエンジニアリングスキル …………………………………… 25

2-2　データサイエンティストのキャリアパス …………………… 28
　　　プロダクトマネージャー／プロジェクトマネージャー ………… 28
　　　リサーチャー／研究者 ……………………………………………… 29
　　　SRE エンジニア ……………………………………………………… 30

2-3　データサイエンティストの生存戦略 ………………………… 32
　　　データ分析スキルだけでは勝てない時代へ ……………………… 32
　　　働く現場 ……………………………………………………………… 33

2-4 求人情報からわかること ………………………… 35
募集要項を見てみよう …………………………… 35
スキルセットと組織体制 ………………………… 36
注意が必要な募集要項とは？ …………………… 36

2-5 東京と地方での働き方の違い ……………………… 39
東京一極集中と情報格差 ………………………… 39
変わろうとする地方と企業 ……………………… 40
異なる営業方法 …………………………………… 40
第2章のチェックリスト …………………………… 42

第3章 データサイエンティストの実務と情報収集 ………………… 43

3-1 企業でデータ分析を始めるときのポイント ………… 44
企業でデータ分析をするメリット ……………… 44
データ分析部署での活動 ………………………… 45
データ分析部署がないときの始め方 …………… 45
データ分析受託会社という選択肢 ……………… 47

3-2 副業でデータ分析を始めるときのポイント ………… 48
副業のメリット／デメリット …………………… 48
副業の探し方 ……………………………………… 49
副業として選ぶべき分野 ………………………… 49
副業でとくに気をつける点 ……………………… 49

3-3 フリーランスでデータ分析を始めるときのポイント ………… 52
何が得意か ………………………………………… 52
案件獲得の方法 …………………………………… 53
組織に縛られない仕事のメリット／デメリット ………… 53

3-4 情報収集の方法 ……………………………………… 55
Webサイトをチェックする ……………………… 55
勉強会に参加する ………………………………… 56
書籍を調べる ……………………………………… 57
情報が集まってくる環境を作る ………………… 57
もっと深い情報を得るために …………………… 58

3-5 情報発信の方法 ……………………………………… 59
ブログで技術情報を発信する …………………… 59
自ら勉強会やイベントを開催する ……………… 60
継続的に発信する ………………………………… 61
第3章のチェックリスト …………………………… 63

第2部 プロジェクトの入口 65

第4章 社内案件の獲得と外部リソースの検討 ……………………… 67

4-1　データ分析組織の見極め･････････････････････**68**
データドリブンとは？ ･･･････････････････････････ 68
データ活用状況の見極め ･･･････････････････････ 69
組織としての文化醸成 ･･･････････････････････････ 69

4-2　データ分析組織の起ち上げ･･････････････････**72**
データ活用の現状確認 ･･･････････････････････････ 72
解決すべき課題の見極め ･･･････････････････････ 73
関心のありそうなメンバーを集める ･･･････････････ 73

4-3　社内案件の獲得方法から見積もりまでの流れ･･････**75**
手法ではなく、課題ありき ･･･････････････････････ 75
課題の明確化と解決手法の検討 ･･･････････････ 76
解決後の見通しと見積もり計画 ･･･････････････ 76

4-4　提案書作成と必要項目･･････････････････････**78**
提案書の必要項目 ･･･････････････････････････････ 78
データ分析ならではのポイント ･･･････････････ 80

4-5　組織構造の把握･･････････････････････････････**82**
誰に話を持っていくか ･･･････････････････････････ 82
産業構造の理解 ･･･････････････････････････････ 83
立場の違いによる提案内容の最適化 ･･･････････ 83

4-6　外注費用とスケジュール･･･････････････････････**85**
費用とリスクのトレードオフ ･･･････････････････ 85
スケジュール設定のポイント ･･･････････････････ 86

4-7　外注先からの見積もり確認とリスクヘッジ･･････**89**
提案と見積もりの評価 ･･･････････････････････････ 89
業務範囲の違い ･･･････････････････････････････ 90
業務へのリスクヘッジ ･･･････････････････････････ 90
第 4 章のチェックリスト ･････････････････････････ 93

第 **5** 章　**データのリスクマネジメントと契約** ･･････････････ **95**

5-1　データのリスクマネジメント････････････････････**96**
データ受領の方法 ･･･････････････････････････････ 96
データを受け取ったらすぐに中身を確認する ･････ 97
データの管理方法 ･･･････････････････････････････ 98

5-2　データに関わる法律･･････････････････････････**100**
個人情報を扱う必要があるか ･･･････････････････ 100
個人情報保護法 ･･･････････････････････････････ 100
匿名加工情報 ･･･････････････････････････････････ 102
自身のケースに当てはめる ･･･････････････････････ 103

5-3　契約締結時の注意点 ･･････････････････････････**105**
契約の種類 ･･･････････････････････････････････････ 105
AI 開発の場合に気をつけるべきこと ･･･････････ 106
契約書雛形を入手しよう ･･････････････････････ 107

専門家に相談しよう··107
その他注意点··108
第 5 章のチェックリスト··109

第**3**部　プロジェクトの実行　　　　　111

第**6**章　**AI・データ分析プロジェクトの起ち上げと管理**············ **113**

6-1　**AI・データ分析プロジェクト設計の注意点**·················· **114**
プロジェクト設計に潜む不確実性································114
目標値を定義しにくい··114
依頼主がデータ分析、AI に過度な期待をしている··········115
メンバー構成を決めにくい··115

6-2　**課題抽出**··· **117**
ゴールの再確認··117
課題抽出のプロセス···118
現状の把握···118
現場のヒアリング··118
過去の事例調査··119
データの確認···119

6-3　**類似事例の調査と比較**·· **122**
社内の類似調査··122
社外の類似調査··123
プロジェクトとの比較と検証······································124

6-4　**KPI の設計と評価**·· **126**
KPI 設計における 2 つの視点·····································126
KPI 計測のための環境設計··127
KPI の評価設計と見直し··128

6-5　**スケジューリング、リソース計画**······························ **130**
スケジュールの具体化···130
リソース計画···131
見直しポイントの設定··132

6-6　**進捗管理**··· **133**
KPI に対する進捗管理···133
進捗がよくないときの対策··134
第 6 章のチェックリスト···136

第**7**章　**データの種類と分析手法の検討**······························· **137**

7-1　**業界によるデータの種類とビジネスでの活用方法**············ **138**
データのデジタル化とデータの種類·······························138
業界ごとのデータ種類と特徴、ビジネスでの活用事例··········139

7-2 データの実情と前処理の大切さ ················ 143
　データの不備 ······································· 143
　代表的なデータの前処理 ··························· 144
　業界ごとのデータの不備 ··························· 145
7-3 ツール・プログラミング言語の選択 ·············· 148
　運用をふまえた選定ポイント ······················· 148
　分析ツールの種類・特徴 ··························· 149
　各プログラミング言語の特徴 ······················· 152
7-4 目的によるデータ分析手法の違い ················ 155
　データ分析手法の選択 ····························· 155
　探索的データ解析手法 ····························· 156
　仮説検証的データ分析手法（予測） ················· 156
　「教師あり」か「教師なし」か ····················· 157
第7章のチェックリスト ······························· 160

第 **8** 章 **分析結果の評価と改善** ···················· **161**

8-1 効果測定の重要性 ···························· 162
　分析結果のオフライン検証 ························· 162
　施策適用後のオンライン検証 ······················· 163
　本番適用後のモニタリング ························· 164
8-2 チューニングの実施検討と費用対効果 ············ 166
　モデルのチューニング ····························· 166
　モデルのリプレイス ······························· 167
　費用対効果の算出 ································· 167
8-3 運用サービスへの統計学の利用 ················ 169
　サービスにおける記述統計 ························· 169
　施策の推測統計 ································· 170
　実験計画の策定 ································· 171
8-4 A/B テストや A/A テスト ····················· 173
　A/B テスト ····································· 173
　A/A テスト ····································· 174
　多変量テストやバンディットアルゴリズム ············· 175
8-5 比較の自動化 ······························· 177
　施策ごとの効果測定の自動化 ······················· 177
　ダッシュボードでの可視化 ························· 178
　チャットツールへの測定結果の通知 ················· 178
第8章のチェックリスト ······························· 180

第 **9** 章 **レポーティングと BI** ···················· **181**

9-1 分析結果のレポート化 ························ 182
　レポート項目の検討 ······························· 182
　レポート項目 ····································· 183

ネクストアクションの大切さ··············184
定常（定型）レポートの重要性··············184

9-2 データ分析から導くアクション··············187
アクションは目的からずれないように··············187
アクション実行に対する障害··············188

9-3 データドリブンな文化構築を目指すうえで重要な BI ツール·191
BI ツールの必要性··············191
BI ツールのおもな機能··············192
BI ツールの使用例··············192
代表的な BI ツール··············193

9-4 中間テーブルを用いた効率化··············195
BI ツールにおける処理··············195
分析や可視化用の中間テーブル··············196

第 9 章のチェックリスト··············199

第 10 章 データ分析基盤の構築と運用··············201

10-1 データ基盤を作る前に考えること··············202
何のためにデータ基盤を作るのか··············202
既存事業の中でデータをためられないか考える··············202
基盤を作る対象··············204

10-2 データ基盤を作らずに済む方法を考える（その 1）··············208
PoC ／仮説検証段階でシステムを作り込まない··············208
API 利用 VS カスタムモデル構築··············209
まずは API の利用を検討する··············209

10-3 データ基盤を作らずに済む方法を考える（その 2）··············212
AutoML とは··············212
AutoML を利用するメリット··············213
AutoML があればデータサイエンティストは不要になるか？··············213

10-4 クラウドの選定··············215
どのクラウドサービスを使えばいいのか？··············215
大規模データ分析・機械学習を行うなら GCP を選択··············216

10-5 業務用データベースと分析用データベース··············218
なぜ DWH で分析基盤を作るのか？··············218
RDB と NoSQL の違い··············219
NoSQL と RDB の連携··············219

10-6 データの種類とデータ基盤設計··············221
データの種類··············221
役割で見るデータベース··············222

10-7 AI 実運用のためのスキルセット··············225
MLOps という考え方··············225
すべてのスキルセットを持ち合わせた人材はいない··············226

第 10 章のチェックリスト··············229

第4部 プロジェクトの出口　231

第11章 プロジェクトのバリューと継続性 …………………… 233

11-1 ノウハウの社内共有 ……………………………………… 234
ドキュメントを残す ……………………………………………… 234
定期的に成果を共有する ………………………………………… 235
再現環境やハンズオンを用意する ……………………………… 235

11-2 収益化 ……………………………………………………… 237
自社サービスのグロースハック ………………………………… 237
データ活用を前提としたサービス開発 ………………………… 238
データ分析のコンサルやサポート ……………………………… 239

11-3 論文執筆・学会発表 ……………………………………… 241
先行研究のリサーチ ……………………………………………… 241
実データ適用の実験 ……………………………………………… 242
ポスター・オーラル・ジャーナル投稿など …………………… 242

11-4 ブランディング手法 ……………………………………… 245
価値創出を発信する ……………………………………………… 245
イベントやセミナーに登壇する ………………………………… 246
組織の行動指針に組み込む ……………………………………… 246

11-5 組織の拡大と人材獲得 …………………………………… 248
募集要項を定義する ……………………………………………… 248
適切な人材戦略を描く …………………………………………… 249
実践と改善のループを愚直に繰り返す ………………………… 250

11-6 外部リソースの活用 ……………………………………… 252
外部の専門家を組織に入れて近道をする ……………………… 252
得るべきは表面的なスキルではなく経験 ……………………… 253
ROI を検証する …………………………………………………… 253

11-7 メンバーの育成 …………………………………………… 255
オンボーディングの重要性 ……………………………………… 255
経験を得られるかどうかでチームを構成する ………………… 256
自走したあとは効果的なサポートをする ……………………… 256

11-8 経営層との期待値調整 …………………………………… 258
ナラティブの溝に橋をかける …………………………………… 258
期待値調整はボトムアップから ………………………………… 259
優先順位づけはトップダウンから ……………………………… 260

11-9 他部署との関わり方 ……………………………………… 261
データを軸としたコミュニケーションをとる ………………… 261
専門外のメンバーにも理解できるように翻訳する …………… 262
バリューストリームの中の役割をきちんと意識する ………… 262
第 11 章のチェックリスト ……………………………………… 264

第 **12** 章 業界事例 ··· **267**

12-1 金融業界における事例と動向 ··· **268**
クレジットスコアリング ·· 268
会計の自動仕訳 ·· 269
データ活用の鍵はオープンバンク API の動向 ····················· 269

12-2 Web 広告業界における事例と動向 ··································· **271**
バナーの自動生成 ··· 271
広告配信先と予算配分の最適化 ··· 272
Web 広告の未来 ·· 272

12-3 オンラインゲーム業界における事例と動向 ······················ **274**
ゲームバランスの調整 ··· 274
LTV 最適化と継続利用分析 ·· 275
AI の活用の動向 ·· 276

12-4 教育業界の事例と動向 ·· **278**
アダプティブラーニング ·· 278
データサイエンス教育 ··· 279
データサイエンスはこれから ··· 279

12-5 アクセス解析による EC サイトの改善事例 ······················ **281**
アクセス解析による EC サイト改善 ·· 281
購買分析を使用したキャンペーン ··· 282
アクセス解析と購買分析 ·· 283

12-6 EC 業界における活用事例 ·· **285**
レコメンドエンジン ·· 285
ダイナミックプライシング ·· 286
ビジュアル検索 ·· 286

12-7 医療製薬業界の動向と参入時のポイント ··························· **289**
業界事例 ·· 289
AI・データ分析を導入する難しさ ·· 289
プロジェクトを成功させるには ·· 290
第 12 章のチェックリスト ·· 293

索引 ·· 295
著者紹介 ·· 299

─── **COLUMN** ───

ローカル環境とクラウド環境 ··· 153
機械学習プロジェクトにおける実験から本番運用までの流れ ···························· 206
メタデータの管理を行わない ··· 224
データサイエンティストにすべてやらせる？ ·· 228

第 1 部

プロジェクトの準備

第 1 部では、AI・データ分析プロジェクトを始める前に、最低限必要な基礎知識をお届けします。業界の動向や、データサイエンティストに必要なスキルセット、従来の IT システム開発と AI・データ分析プロジェクトで異なるポイントなどについて解説します。学生をはじめ、これからデータ分析を仕事にしようとしている方に向けて、キャリアパスや実務化の方法についてもふれます。

第 1 章　AI・データ分析業界の概要

第 2 章　データサイエンティストのキャリアと雇用

第 3 章　データサイエンティストの実務と情報収集

第 1 章

AI・データ分析業界の概要

1-1　AI・データ分析業界の歩み

1-2　世界と日本の AI・データ分析企業

1-3　従来のシステム開発と AI プロジェクトは何が違うのか

1-4　PoC で終わらないための AI プロジェクト入門

1-1　AI・データ分析業界の歩み

マスクド・アナライズ

対象読者			キーワード
学生	ジュニア	ミドル	データサイエンティスト、ディープ
☑	☑	☐	ラーニング、ビッグデータ、クラウド

IT 業界を中心に活躍するデータサイエンティストは、他の業界でも注目され始めています。本節では、技術の進化が及ぼした影響と合わせて、活躍の場が広がっていく流れを振り返ります。

データサイエンティスト以前

インターネットの普及とともに、2000 年頃からネットショッピング（楽天、Amazon）や SNS（Myspace、LinkedIn、mixi）が登場しました。ネットビジネスの収益源である広告の効果測定をはじめ、プロモーションに用いるレコメンド（商品やサービスの推薦機能）に取り組む企業が増えて、データ分析が注目され始めます。

当時は潤沢な予算を持つ組織によって、大量データの分析技術や事例が出始めたばかりでした。これらの取り組みが大きな組織でしか実現できなかった背景には、多大なコストがかかるため、相応の規模とリターンが必要だったためです。

まだ「データサイエンス」という言葉はなく、多くの企業におけるデータ活用といえば、おもに BI（Business Intelligence）ツールによる情報の可視化や共有、ERP（統合基幹業務システム、Enterprise Resource Planning）による経営情報の活用などでした。

データサイエンティストの誕生と AI ブーム

2012 年頃からデータ分析業務に従事する**データサイエンティスト**とい
う職業が注目され始めました。BI や ERP によるデータの可視化だけでな
く、業務における分析、予測など、データから新たな価値を生み出そう
とする取り組みです。

この頃、技術革新による新たなムーブメントが起こります。2012 年に
行われた ILSVRC（ImageNet Large Scale Visual Recognition Challenge、
画像認識の精度を競う大会）で優勝したトロント大学のヒントン教授の
研究チームによる新たな手法に注目が集まります。

その**ディープラーニング**（**深層学習**）と呼ばれる手法は、2 位以下を大
きく引き離す圧倒的な精度を誇りました。これを契機に、ディープラー
ニングは従来の技術では精度が低く実運用に壁があった画像認識や音声
認識などの分野にブレイクスルーを起こすきっかけとなり、コミュニケー
ションロボットや AI スピーカーの普及や自動運転における進展にも寄与
しています。各種メディアは AI の利便性や実用化を取り上げながら、人
間の仕事が奪われるという「AI 脅威論」も話題に上りました。

これらのブームを追い風にデータ分析や AI 活用などの試みは IT 業界
だけでなく、既存産業における大手企業でも活発化します。人材の獲得
競争が展開されて、データ分析チームが新設されたのもこの時期です。

2013 年 5 月には業界団体として「一般社団法人データサイエンティス
ト協会」が設立され、スキル認定や人材育成の指針を取りまとめるよう
になりました。

こうして AI に関連する技術は近年で急速に進歩し、業務を遂行する分
析者に求められるスキルも、より高度かつ多様化していきます。

ビッグデータとクラウドの登場

AI やデータ分析の発展と並行して、データベース技術においても大き
な変化がありました。2005 年頃には、Google の MapReduce をはじめと
した大量データを保管する技術が実用化されましたが、データセンター

など限定的な運用にとどまっていました。

　2010 年頃から Apache Hadoop や Apache Spark が登場し、RDB（リレーショナルデータベース）では困難だった大容量データ（数十テラバイト～数ペタバイト）を保管できるようになりました。テキストデータだけでなく画像や音声などを保存しながら増大していくデータは**ビッグデータ**と呼ばれました。このビッグデータは世界的な IT 企業だけでなく、国内のモバイルゲームやネットショッピングなどでも取り組みが始まります。

　一方で、データの保管や各種 Web サービスをインターネット上で提供する**クラウド**が登場し、Amazon からは「Amazon Web Services（AWS）」が 2006 年 7 月にリリースされます（東京リージョンは 2011 年 3 月提供開始）。続いて 2008 年 4 月に Google が Google App Engine（GAE）の提供を発表し、2013 年に Google Cloud Platform（GCP）としてリリースしました。Microsoft も 2010 年 1 月に Windows Azure（現在の「Microsoft Azure」）を発表するなど、その後もさまざまな企業からクラウドが提供されます。続々と新たな機能が追加され、競争が激しくなるにつれて継続的な値下げも行われました。

変わりゆくデータ分析

　かつて動画といえばテレビでしたが、YouTube の登場により、今では誰もが世界中に動画を配信できるようになりました。大容量データの保管には専用のハードウェアやデータベースソフトが必要でしたが、現在はクラウドによって手軽かつ安価に導入できます。

　データ分析も数百万円の専用ツールが必須だった時代から、OSS（Open Source Software）のプログラミング言語（R や Python）やライブラリの普及により、導入コストが大幅に下がりました。

　こうした環境整備とともにユーザーコミュニティが活性化し、日本語の情報や専門書なども増えました。徐々に AI・データ分析の技術習得における障壁は下がっています。

>>> Next Action <<<

　AI・データ分析業界はこの数年で変化が激しい分野であったことがわかります。技術動向によって、仕事内容や求められるスキルも変化することを覚えておきましょう。

表 1.1　AI・データ分析関連年表

時期	出来事
2012 年 10 月	ハーバード・ビジネス・レビューでデータサイエンティストが 21 世紀で最もセクシーな職業として紹介される
2012 年 10 月	物体の認識率を競う ILSVRC（物体認識コンペティション）でヒントン教授（トロント大学）のチームがディープラーニングで従来の手法から大幅な精度向上を実現する
2013 年 5 月	一般社団法人データサイエンティスト協会設立
2015 年 6 月	PFN が Chainer（v1.0.0）をリリース
2015 年 11 月	Google が TensorFlow をリリース（β版）[*1]
2016 年 3 月	AlphaGo が囲碁で世界王者のイ・セドルに勝利
2016 年 10 月	Facebook が PyTorch（β版）をリリース[*2]
2017 年 4 月	滋賀大学にデータサイエンス学部設立（以後大学によるデータサイエンス学部の設立が続く）
2017 年 6 月	第 1 回 AI・人工知能 EXPO が開催される
2017 年 6 月	日本ディープラーニング協会設立
2020 年 3 月	DeepL 翻訳が日本語対応

---

*1　正式版の 1.0 のリリースは 17 年 2 月。

*2　正式版（PyTorch 1.0 stable）のリリースは 2018 年 10 月。

1-2 世界と日本の AI・データ分析企業

マスクド・アナライズ

対象読者			キーワード
学生	ジュニア	ミドル	GAFA、BATH
✓	✓	☐	

これまで IT 業界を牽引してきたアメリカに対して、中国が市場規模と研究開発で猛追しています。本節では、世界と日本の企業が推進するデータ収集と分析の情勢を解説します。

アメリカの強さ

　インターネットとスマートフォンが普及した現代において、Google、Amazon、Facebook、Apple の **GAFA** と呼ばれる企業が AI・データ分析においても強い影響力を誇ります。また、これまで IT 業界を牽引してきた歴史がある Microsoft、IBM などの企業も存在感を発揮しています。これらの企業はすべてアメリカに本社を置き、世界中に事業を展開する多国籍企業です。

　IT 業界は技術の進化が早く、競争が激しいため、新たな技術開発、特許取得、シェア拡大による顧客の囲い込みなどが重要視されます。一例として、研究開発費を比較すると、GAFA の金額は群を抜いています。日本企業で研究開発費が一番高いトヨタ自動車は Apple や Facebook とほぼ同額ですが、Amazon や Google と比べると大きな差があります。日本の IT 企業と比較すると、その差はより顕著です。

　こうしたアメリカの強さは、スタンフォード大学などコンピュータサイエンス（計算機科学）の高等教育機関による人材輩出、Y コンビネー

タやペイパル・マフィアなどの VC（ベンチャーキャピタル）によるスタートアップ支援など、世界に先駆けてエコサイクルを生み出した点などがあります。

中国の独自路線

アメリカの企業が大きな影響力を発揮する中で、追随を見せているのが中国企業です。広大な国土に 10 億人以上がひしめく魅力的な市場ですが、法規制によって中国国内における外国企業の参入は制限されています。

こうした背景もあって中国における IT 企業は自国向けサービスを中心に発展し、**BATH**（Baidu、Alibaba、Tencent、Huawei）と呼ばれるプラットフォーマーが誕生しています。

中国は研究開発においても存在感を増しています。2018 年に AI 関連の特許申請数で世界一となり、AI 領域の論文発表ではヨーロッパ全体を凌駕しました。

社会生活でもスマートフォンによるキャッシュレス決済、配車アプリ、ライブコマース（ライブ動画の配信から商品購入を促す E コマースの新しい手法）などの新しいビジネスが急速に浸透しています。

日本の状況

米中に続く第三勢力として、ヨーロッパや日本を含むアジア諸国が挙げられますが、IT 業界や世界への影響力は相対的に低いのが現状です。

日本を代表する IT 企業体は 2 つ挙げることができます。Z ホールディングス（ソフトバンクグループ傘下）は、ヤフー、ZOZO、アスクル、GYAO、LINE、ジャパンネット銀行 [*3]、PayPay などを抱えています。もう 1 つは楽天です。楽天は EC 事業だけでなく金融や携帯電話事業に参入して、自社経済圏を拡大しています。どちらも活動は国内が中心です。かつて日本の企業がモバイルゲーム事業でアメリカに進出したこともあ

[*3]　2021 年度上期に「PayPay 銀行」に社名変更予定。

りましたが、そのほとんどが撤退しています。

　日本国内における AI・データ分析市場に目を向けると、すでに多くの企業が参入しており、飽和状態と考えられます。早くからデータ分析事業に取り組んでいた ALBERT やブレインパッドなどが存在感を示し、ここにリクルートなどの事業会社、NTT データなどの大手 SIer、野村総研やアビームコンサルティングなどのコンサルティングファームが参入する構図です。

　一方、日本でもスタートアップのエコサイクルが整備されつつあり、起業や資金調達が容易になりました。シリアルアントレプレナーと呼ばれる連続起業も登場しています。とくに PFN は独自の AI 技術によって、日本が強みを持つ製造業との共同開発に取り組むユニコーン企業として注目されています。ほかにも膨大な情報から自分好みのニュースを提供するスマートニュースや、体重や睡眠時間を記録して美容・健康メニューを提案するヘルスケアアプリの FiNC などが話題を集めています。インターネット経由でソフトを提供する SaaS においては、人事労務を効率化する SmartHR などが提供されており、会計ソフトの freee やマネーフォワードは株式上場を果たしました。このように起業から資金調達を経て、急成長を遂げて社会変革を促す企業が誕生する環境も整備されつつあり、今後の動向を注視しましょう。

>>> Next Action <<<

　世界と日本の IT 企業の状況をおおまかに把握できたと思います。技術情報やデータ分析の動向を追うときは、日本だけでなく、アメリカや中国の情報もチェックしましょう。

図 1.1　研究開発費の比較

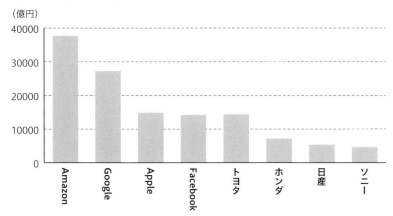

図 1.2　株式時価総額の比較 *4 *5

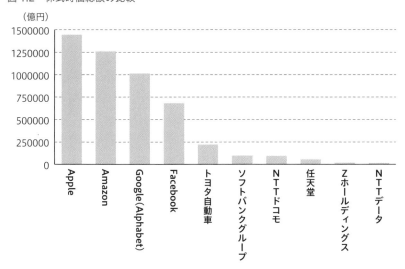

*4　2020 年 5 月 28 日時点（ブルームバーグ調べ、1 ドル 105 円で計算）。

*5　日米の知名度と時価総額が高い IT 企業を抜粋（トヨタ自動車は日本としての参考値）。

従来のシステム開発と AI プロジェクトは何が違うのか

マスクド・アナライズ

対象読者			キーワード
学生	ジュニア	ミドル	アジャイル開発、精度、前処理
✓	✓	☐	

従来のシステムと AI システムのプロジェクトの違いを解説します。AI において特徴的な「精度」の扱いや契約の違いについても把握しましょう。

従来型システム開発との違い

　従来のシステム開発では、全体の仕様を決めてからプログラミングを行うウォーターフォール開発が一般的です。要件定義、設計、製造、テストという流れで進み、前工程に戻ることはありません。完成したシステムは、入力されたデータに対して仕様どおりに実行します。

　これに対して、AI システム開発では明確な仕様を決められません。これは AI は学習させるデータによって**精度**（後述）が変わるため、常に同じ処理で同じ結果が出せるとは限らないからです（次節を参照してください）。ウォーターフォール開発を用いる場合もありますが、**アジャイル開発**という短い期間で開発とテストを繰り返す手法を用います。学習データは更新されるたびに高い精度が求められるため、システム全体でデータの再学習、分析手法の修正・調整を繰り返します。

　AI における精度とは、出力が正解にどれだけ近いかを測る尺度です。カテゴリ分けや将来の予測など可能性を含んだ処理を行うため、従来型のシステムで実行される処理のように正確な結果は導き出せません。「100％ではないが高い精度」を目指すことが前提となります。結果を判断する

ためのデータは常に変化するので、完成後に精度が低下する場合もあり、システムの見直しやデータの再取得といったメンテナンスも必要です。こうした特性を持つシステムのため、AI システムの導入においては、100%の成果を保証できない点に注意しましょう。

▊ データの重要性

AI において学習やテストにデータが必要な点はすでに説明しました。とくにデータの品質は重要で、きれいなデータを使えるとは限りません。テキストデータの表記の不統一、音声データに含まれるノイズ、画像データの解像度の低さなどは、精度に影響します。そのため AI システムに使用するデータは、一定の品質を担保しなければなりません。大量のデータを学習させるため新たなデータを準備したり、マイクやカメラを設置してデータを収集する作業を行うこともあります。AI システムに入力する前のデータに施す結合、整形などを含む作業を**前処理**と呼びます[6]。

▊ 契約と責任

契約形態には、システムの完成を保証する請負契約とシステム開発の際の稼働に対して報酬を支払う準委任契約があります。法律の改正や発注側と受注側での認識の違いなどもあり、これらの契約を把握する必要があります[7]。

「精度」を考慮した AI システム開発では、エンジニアやプロジェクトマネージャーに求められるスキルや知識が異なり、完成品を納品する請負契約ではなく、稼働に対して報酬を支払う準委任契約を前提とする場合があります。これまで取引がある開発会社であっても、従来型システムの実績だけでは判断できません。依頼できるかは慎重に検討するべきです。自社で開発する場合でも、エンジニアが未経験の分野を一から学ぶ必要があることを考慮しましょう。

---

[6] 前処理については「7-2 データの実情と前処理の大切さ」を参照してください。

[7] 契約については「5-3 契約締結時の注意点」を参照してください。

>>> Next Action <<<

　AI システムの開発と従来のシステム開発との違いを理解しましょう。AI システムを開発するときに、データや契約の違いと合わせて、とくに「精度」を考える部分がどこなのか考えておきましょう。

図 1.3　従来型開発（ウォーターフォール）と AI 開発（アジャイル）の比較

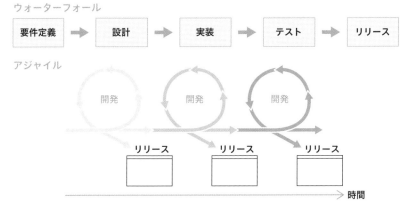

表 1.2　従来の開発と AI 開発の違い

	従来システム開発	AI システム開発
処理結果	常に同じ結果	都度異なる結果
根拠の説明性	可能	難しい
開発手法	おもにウォーターフォール	おもにアジャイル
契約体系	請負	準委任
データが与える影響	正常なデータなら問題なし	正常なデータでも精度に影響を及ぼす
データ整備の必要性	不備・整合性の確認	（左記に加え）前処理が必須
スケジュールの延期	原則不可が多い	都度見直しが発生（締め切り時点での完成度向上を目指す）
予算	事前に決められた額が前提	都度見直しが発生
成果物の権利	基本的に発注者のもの	発注側と開発側で検討が必要

図 1.4 AI 開発では精度 100%を目指すと多大な費用がかかる

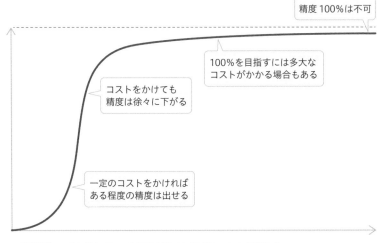

失敗例 **モデルが完成しても精度が徐々に下がることを見落とす**
⇒ 精度低下を見越した費用対効果を考慮しておく

失敗例 **高すぎる精度を目指す**
⇒ 最初の段階で高い精度を目指さない。そもそも精度 100%はありえない

失敗例 **精度向上やスケジュールを守るために開発者の人数を増やす**
⇒ 増員による改善は期待できない。データを見直したほうが効果的

失敗例 **期待値コントロールの失敗**
かかる手間（費用・時間）に対して実現する成果が少なく失望される
⇒ 高すぎる期待に対する認識を改めさせる

1-4 PoC で終わらないための AI プロジェクト入門

マスクド・アナライズ

対象読者			キーワード
学生	ジュニア	ミドル	**PoC、期待値調整**
☑	☑	☑	

PoC とは、「Proof of Concept」の略で「概念実証」という意味です。本節では PoC における目的や費用対効果、AI システムの構築（本開発）へ進むための準備について解説します。

AI じゃないとダメですか？

　AI の導入を検討する前に、解決すべき課題を明確にしてください[8]。AI が得意とする用途で、運用に耐えうる精度を確保し、業務に実装できなければなりません。課題が明確になったら、AI 以外の方法で解決できるかも考えましょう。業務フローの見直しや、AI よりも手軽に扱える IT 製品を検討してもよいでしょう。他の方法で課題を解決できれば、AI の開発にかかるコストは不要です。まず大事なのは、AI の導入自体を目的にしないことです。

　たとえば、紙の資料に記載された文字を AI で識別してデータベースに自動で登録するよりも、PC やタブレットでデータを入力して資料を作成するほうが正確で安上がりな場合もあります。AI が解決できる課題は限定的です。「なんでも AI で解決する」という発想は禁物であることを覚えておきましょう。

　ここで、事前にベンダーに対する提案や見積もりについて、第三者に

---

[8]　課題を具体化する流れについては、「6-2 課題抽出」で詳しく述べています。

妥当性を判断してもらうのもよいでしょう[9]。また、検討時には次のような項目を念頭に置き、AI 開発プロジェクトとしての実現性を判断する必要があります。

- 技術的に可能か
- 必要なデータを準備できるか
- 業務の変更で支障が出ないか
- 予算やスケジュールは妥当か
- 導入後の成果を明確にできるか

　導入だけでなく開発後の実運用を見すえた検討が必要です。代替手段や妥当性、実現性などの検討を重ねて AI で実現するメリットがあれば、PoC の段階に進みます。

■ "使える"AI にするための PoC

　AI システム開発では 100％の成果を保証できないと前節でふれました。実装における見えない課題を発見し、費用に対する効果が期待できるか検証するために、PoC を実施します。

　本開発だけでなく PoC にも専門知識が求められるため、AI 開発を得意とするベンダーに協力を仰ぎましょう。そのうえで必要なデータを用意して、次のような項目を確認しながら AI を試作します。

- 課題解決にずれがないか
- 分析手法が適しているか
- 足りないデータがないか
- 実用的な精度が出せるか
- 高すぎる目標になっていないか

　試作したシステムが業務に耐えうる完成度でなくとも、データの整備や分析手法の選択・分析モデルの調整によって、目標を達成できるかを

---

[9]　提案や見積もりについては「4-7 外注先からの見積もり確認とリスクヘッジ」を参照してください。

判断しましょう。

たとえば、90％の精度による作業支援を想定すると、文字認識では実用面で厳しいですが、画像認識なら省力化につながる可能性があります。そのうえで実用化に耐えうる精度が90％でよいのか、もっと高い精度が必要なのかを判断します。用途や目的に応じて、どの程度の精度が必要なのか検証します。

PoC の段階で AI の現実的な性能を示して、適切な KPI を設定し過度な期待を生まないように**期待値調整**が必要です[*10]。

PoC においては、期待された精度が達成できない、追加予算が取得できないなどが原因で本開発への進行を見送る事例も多く、「PoC 貧乏」「Po 死」とも揶揄されます。PoC はあくまで AI システムの検証が目的であり、PoC の実施を目的にしてはいけません。また、必ず成功するものではないことを事前に認識しておきましょう。

大きな失敗を避けるには最初から成功をねらわず、小規模かつ試験的に導入する方法もよいでしょう。仮に失敗した場合でも、原因を分析して次につながるノウハウを蓄積できます。原因を調査せずに「エンジニアや開発会社が悪い」と結論づけては、同じ失敗を繰り返すだけです。

本開発における注意事項

本開発に進むためには次の要素を考える必要が出てきます。

- 精度の改善に必要な追加予算の取得
- 追加データの取得コスト
- AI システムの運用体制
- 運用におけるトレーニングなどの準備

中長期的な視点が必要なので、利益貢献度が高い業務や、替えが効かない人材が携わる業務などを優先して AI に投資するとよいでしょう。

繰り返しになりますが、必ずしもすべての作業を AI に置き換える必要

[*10]　期待値調整については「11-8 経営層との期待値調整」を参照してください。

はありません。人間の負担を減らす目的や、作業の一部を AI がサポート
する方法もあります。目的や成果によって、判断しましょう。

>>> Next Action <<<

**AI 導入が適切かどうかや PoC 実行時における注意点を解説しま
した。運用する AI システムを想定して、どのような「検証」が必要
なのか考えてみましょう。**

図 1.5　PoC 開発の流れ

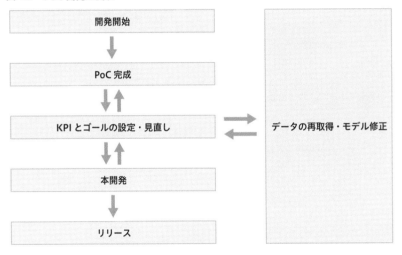

図 1.6　PoC 開始までのチェックポイント

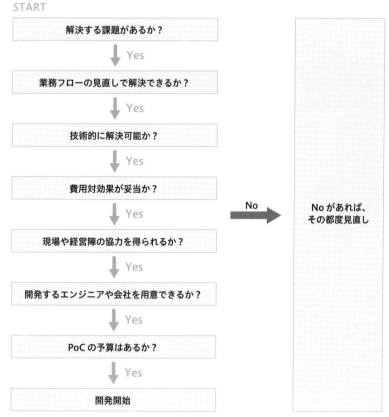

第 1 章のチェックリスト

第 1 章では AI・データ分析業界の概要を解説してきました。次の
チェックリストを参考にして、内容を振り返ってみましょう。

- ☐ 現在の AI・データ分析業界の動向を押さえることができていま
  すか？（→ 1-1 節へ）

- ☐ AI・データ分析分野を牽引する国や企業について説明できます
  か？（→ 1-2 節へ）

- ☐ AI システムの開発と従来のシステム開発の違いを説明できます
  か？（→ 1-3 節へ）

- ☐ PoC の目的を説明できますか？（→ 1-4 節へ）

参考図書

「失敗しない データ分析・AI のビジネス導入：プロジェクト進行から
組織づくりまで」株式会社ブレインパッド , 太田 満久 , 井上 佳 , 今津
義充 , 中山 英樹 , 上総 虎智 , 山﨑 裕市 , 薗頭 隆太 , 草野 隆史 著 , 森
北出版 , 2018 年 .

第 2 章

データサイエンティストの
キャリアと雇用

2-1　データサイエンティストのスキルセット

2-2　データサイエンティストのキャリアパス

2-3　データサイエンティストの生存戦略

2-4　求人情報からわかること

2-5　東京と地方での働き方の違い

 2-1 データサイエンティストの スキルセット

伊藤徹郎

対象読者			キーワード
学生	ジュニア	ミドル	スキルセット
✓	☐	☐	

データサイエンティスト協会が定義したスキルセットである、ビジネススキル、データサイエンススキル、データエンジニアリングスキルの概要を解説します。現場で活躍する職種や取り組む業務はさまざまです。1人ですべてを担うのではなく、得意な分野のスキルを磨いていくとよいでしょう。

ビジネススキル

　ビジネススキルとは、問題の**背景を理解**したうえで、**ビジネス課題を整理して解決する力**と定義されています。

　このスキルが求められる職種はコンサルタントや、クラウドサービスや分析ツール提供企業の営業などです。顧客の依頼は曖昧なことが多いため、ヒアリングや対話を通じて本当の課題を引き出し、抽出・整理することで、適切な施策を見いだす必要があります。データ活用による解決策を提示するには、次の項目のような背景を加味しながら、顧客の課題解決プロジェクトを策定します。

- 業務内容の理解
- 保有データの量や質、種類
- 解決にあたる組織の体制やスキルはどうか

　その中でKPI（Key Performance Indicator）をはじめとした各種指標

の設計と運用、それらの指標を表示するダッシュボードの適切なモニタリングなどのスキルが求められます。ビジネスアナリストやデータアナリストなどの職種は、このようなスキルを身につけ活躍しています。また、分析結果を解釈したうえで経営層へのプレゼンテーションなど、可視化や伝え方に関するスキルも重要です。

┃┃ データサイエンススキル

　データサイエンススキルとは**情報処理、人工知能、統計学などの情報科学系の知恵を理解し、使う力**と定義されています。定義にもあるとおり、コンピュータサイエンス、数学などの理論とプログラミングによる実装に関する知識や手段を認識し、ビジネス部門で定義された課題に対して科学的アプローチで解決手段を提示します。課題解決のため、次のような分析を行います。

- EDA（Exploratory Data Analysis）[1]
- A/Bテスト[2] などの検証的分析による検証
- 画像解析やテキスト解析、音声解析

　実際に課題を解決するので、データ分析の醍醐味が味わえるスキルと言えます。
　最新論文をもとにして実装や検証を行うなど、情報収集や研究開発に特化したリサーチャーという職種で活躍する人材も多くいます。

┃┃ データエンジニアリングスキル

　データエンジニアリングスキルは**データを意味のある形に使えるようにし、実装、運用できるようにする力**と定義されています。このスキルを掘り下げると、さらに2つの活躍できる場面があります。
　1つめはデータエンジニアやデータアーキテクトが活躍するフィールド

---

[1]　探索的データ解析のこと。「7-4 目的によるデータ分析手法の違い」にて解説します。

[2]　A/Bテストについて詳しくは「8-4 A/BテストやA/Aテスト」で解説します。

です。これらの職種はさまざまなデータソースからデータレイクやデータウェアハウスを構築し、データのパイプラインを構築するスキルが求められます。データウェアハウスからデータマートを構築し、データサイエンティストやプロダクトマネージャーがデータを扱いやすいようにデータを整備する役割です。詳細については第9章で解説します。

　2つめは機械学習エンジニアやAIエンジニアが活躍するフィールドです。データサイエンティストが作成した分析モデルを本番環境にデプロイ[*3]するためにリファクタリング[*4]し、開発・運用を行う重要な役割です。

　本節ではデータサイエンティストに求められる3つのスキルセットを解説しましたが、スキルのみにフォーカスすればよいわけではなく、基本的にはビジネス貢献が求められることを念頭に置いてください。

>>> **Next Action** <<<

　それぞれのベン図の領域において、自身の経験や専門領域をふまえ、やりたいこと、やれること、やるべきことをきちんと整理・把握し、自分の方向性を決めましょう。

[*3]　システム開発におけるデプロイとは、開発したアプリケーション（機能やサービス）をサーバ上に展開・配置して利用できるようにすること。

[*4]　リファクタリングとは、ソフトウェアの外部的振る舞いを保ちつつ、理解や修正が簡単になるように、内部構造を改善すること。

図 2.1　スキルマップ（ベン図）と自分のやれることを見極め、自分のやりたいことやるべきことを考える[5]

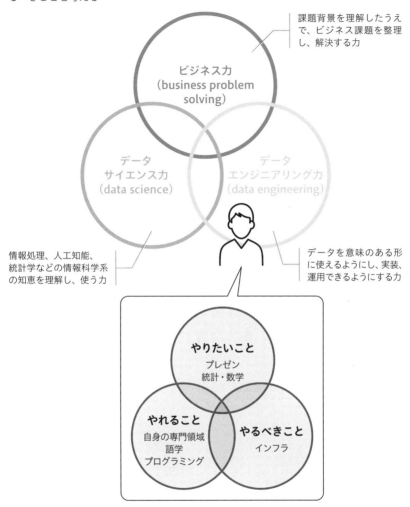

[5]　「データサイエンティスト協会、データサイエンティストの ミッション、スキルセット、定義、スキルレベルを発表」P2 の図をもとに再作成。http://www.datascientist.or.jp/files/news/2014-12-10.pdf

2-2 データサイエンティストの キャリアパス

伊藤徹郎

対象読者			キーワード
学生 ✓	ジュニア ✓	ミドル ✓	キャリアパス、プロダクトマネージャー、リサーチャー、SRE エンジニア

前節で解説したデータサイエンティストのスキルセットを磨いた先に、どんなキャリアがあるでしょうか。一般的なエンジニアのキャリアでも、開発業務で経験を積みながら、徐々にマネジメントを担当することになります。データサイエンスを軸にしたときに、どのようなキャリアパスが考えられるかを解説します。

▋▍ プロダクトマネージャー／ プロジェクトマネージャー

　前節で解説したデータサイエンティストのスキルセットを強化しながら、「ビジネススキル」に重点を置いたキャリアパスです。**プロダクトマネージャー**は近年注目を浴びる職種でもあり、サービスを提供する企業になくてはならない存在です。「ミニCEO」と称されるプロダクトにおける最終的な意思決定者であり、さまざまな専門スキルを持ったメンバーを率いて製品開発を進めます。ディレクターやデザイナー、エンジニア出身者だけでなく、データサイエンティストやビジネスアナリストからもつながるキャリアパスです。この職種において、さまざまな課題整理や解決手法の提案は必須ですが、この部分にデータを活用することは非常に相性がよく、ビジネススキル×データ分析スキルを持つ方にはお勧

めのキャリアです^{*6}。

　ビジネススキルに加えて、コンピュータサイエンスやソフトウェアエンジニアリングの知識、UI/UX デザインなどの知識も必要です。また、定量データの分析だけでなく、ユーザーへのインタビューや実際に利用されている現場へのフィールドワークなどの定性調査のスキルも求められるため、職責を果たすためのハードルは高いと言えるでしょう。

リサーチャー／研究者

　データサイエンススキルに重きを置いたキャリアパスとして、**リサーチャー**や**研究職**が該当します。いわゆる大学などで基礎研究に取り組む研究者ではなく、企業において実用化を見すえた研究を進める職種です。アカデミック領域を基礎研究、企業における研究領域を応用研究と位置づけてよいでしょう。さまざまなデータから課題解決につながる分析モデルを検討し、試行錯誤しながら結果を論文や製品に落とし込みます。そのため、データサイエンスに先進的に取り組む企業を中心に、さまざまな学会への論文投稿数が増加しています。

　また、企業が開発・運用する OSS にはこの領域の職種が携わっています。たとえば、ディープラーニングのフレームワークとして知られる TensorFlow は Google、PyTorch は Facebook がおもに開発を進める OSS です。日本でも Preferred Networks が Chainer という OSS を開発していました^{*7}。

　データサイエンススキルに加え、エンジニアリングスキルにも高い水準が求められます。

---

*6　プロダクトマネージャーの職務については次の書籍に詳しく説明があります。「INSPIRED 熱狂させる製品を生み出すプロダクトマネジメント」マーティ・ケーガン 著, 佐藤 真治, 関 満徳 監訳, 神月 謙一 訳, 日本能率協会マネジメントセンター, 2019 年 .

*7　2019 年 12 月に開発終了し、PyTorch への統合が発表されました。

▊▮ SRE エンジニア

データエンジニアリングスキルのキャリアパスとしては、**SRE（Site Reliability Engineering）エンジニア**が挙げられます。DevOps[*8] の Ops の部分に該当しますが、データエンジニアや機械学習エンジニア（ML エンジニア）が構築したデータ分析基盤や機械学習基盤の運用を日々行い、システムが安定稼働できるようにさまざまな指標を計測・監視しながら、異常があればすばやく対処します。データパイプライン[*9] の安定稼働により、データサイエンティストやアナリストの業務は円滑に進むでしょう。ML エンジニアが構築したパイプラインや機械学習のモデルの運用においても、計測・監視を行い、異常時には切り戻すなど、サービス品質を保ちます。

データエンジニアリングスキルに加えて、データサイエンスのスキルも求められるため、こちらも非常に高度な領域と言えます。

≫≫ Next Action ≪≪

データサイエンティストのキャリアから、より専門的で高い価値を発揮するためにはデータサイエンスを軸として、どういう強みを持ち合わせた人材を目指すかの戦略が必要です。そのゴールから逆算し、業務経験や仕事などを主体的に選択してください。

[*8]　ソフトウェア開発（Development）と運用（Operation）を組み合わせたソフトウェア開発手法。

[*9]　データパイプラインとは、データ処理を行う小さなタスクを順次実行することにより、最終的に求める結果を得るための一連のプロセスのこと。

図2.2　各スキルセットのキャリアパスイメージ

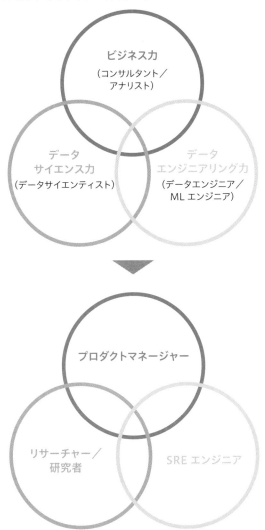

データサイエンティストの生存戦略

マスクド・アナライズ

対象読者			キーワード
学生	ジュニア	ミドル	分析ツール開発会社、事業会社、受託分析会社
✓	✓	✓	

データサイエンティストとして働く環境には、分析ツール開発会社、事業会社、受託分析会社などがあります。本節では採用市場を中心にデータサイエンティストが置かれる状況を解説します。

データ分析スキルだけでは勝てない時代へ

　IT業界は、2030年に最大で79万人もの技術者が不足するという予測もあります。さらに企業が求めるのは高度な専門技術を持つ即戦力であり、AI・データ分析人材が売り手市場とされる状況にも変化の兆しが見えます。

　ここ数年のデータサイエンティストブーム以前から活躍する人材は、実績を積み上げて地位を築きました。一方で、先行者利益を獲得できる市場ではありません。中途採用においては、高騰する採用コストや社内の人材育成へシフトする動きもあり、需要は落ち着いています。新卒採用ではデータサイエンスを専攻した学生が増え始めており、採用において求められるスキルは高度になっています。高額な年収が保証された就職や転職を実現するには、相応の経歴が求められるでしょう。対して、入社難易度が低いとされるSES（System Engineering Service）や人材派遣会社に登録して出向する働き方もありますが、一貫したキャリア形成が難しいという懸念があります。

すでにデータ分析スキル"だけ"を持つデータサイエンティストの転職市場での希少性は下がっていると言えます。前節でふれたように、他のスキルを併せ持つ人材に価値を見いだす企業が増えるでしょう。

働く現場

ここでは実際にデータサイエンティストが働く現場と仕事内容を紹介します。

分析ツール開発会社（分析ツールベンダー）は、データ分析を行う専用ツールを開発し、おもに法人向けに提供しています。開発業務には、プログラミングや統計解析などのスキルが求められます。また、誰でも使いやすいツールにするために、操作画面のデザインや使い勝手を向上させるUI/UXの知識も必要です。セールスエンジニアと呼ばれる自社サービスの導入やサポートを行う職種に就くこともあります。

事業会社では、自社の取り組むビジネスにおいて、データ分析を活用した利益貢献が求められます。さまざまな規模の分析案件があり、担当者のヒアリングを通じて、優先すべき課題をまとめ、最適な施策を実施します。施策の効果測定を行いながら課題に取り組むため、分析スキルだけでなく、コミュニケーションスキルも求められます。

受託分析会社は、事業会社などの依頼により分析を行う企業です（外注分析会社・分析請負会社とも呼ばれます）。セキュリティなどの都合で発注元の企業に出向いたり[10]、プロジェクトごとに異なる業務を担当するなど、顧客の要望に合わせて働く面があります。また、分析結果のレポート作りや顧客への説明などの業務も重要視されます。

データサイエンティストにとって、分析業務はプロジェクト全体の一部です。求められる能力や働き方は異なるため、自身が目指す方向性を考慮して、働く場所を選びましょう。

[10]　発注元に出向く期間を問わず「客先常駐」などと呼ばれます。

>>> Next Action <<<

　データサイエンティスト市場は、以前に比べて売り手市場とは言えません。将来のキャリアパスを見すえて、どのような環境で働くのがよいか考えてみましょう。

図 2.3　データサイエンティスト業界の構造

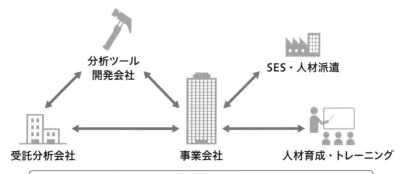

分析ツール
開発会社

SES・人材派遣

受託分析会社　　　　事業会社　　　人材育成・トレーニング

> 事業会社や分析ツール開発会社における採用数は、少ない傾向にある。
> 一方で受託分析会社やSES・人材派遣は、募集人数が多いが、好待遇は期待できない。

表 2.1　データサイエンティストにおける誤ったイメージ

	誤解	現実
採用条件	少し勉強すれば誰でもなれる	大学で専門知識を学んだ人材がほしい
人材の需要	求人は多数	採用から育成にシフト
募集企業	GAFA や一部上場企業	SES や人材派遣会社
年収	高額	一般的な IT エンジニアと同じ
必要な技術	分析力があればよい	分析力以外も重要
業務内容	毎日分析	毎日前処理ときどきアノテーション

2-4 求人情報からわかること

マスクド・アナライズ

対象読者

| 学生 | ジュニア | ミドル |
| ☑ | ☑ | ☑ |

キーワード

募集要項

求人サイトや募集要項から、求められるスキル、業務内容、待遇などを見てみましょう。求人情報からは、社内体制や労働環境、一緒に働くエンジニアなども読み取ることができます。

募集要項を見てみよう

　データサイエンティストを募集している企業に応募する際、新卒／中途、未経験／経験者を問わず、求人情報にある**募集要項**を読み解くことが重要です。募集要項は就職・転職向けサービスばかりでなく、各企業の採用ページにも掲載されています。職種名も企業によって「データサイエンティスト」「データアナリスト」「AIエンジニア」などと異なり、同じ職種名であっても業務内容が異なるので注意が必要です。

　募集要項からは「必要なスキル」「業務内容」「年収」などの表立った情報だけでなく、就労者への待遇を知ることができます。

　一例として業務時間中にKaggleに取り組めるDeNA社の「Kaggle社内ランク制度」がユニークな取り組みとして知られており、福利厚生、職務の裁量や評価制度につながる取り組みも確認できます。テレワークやフレックスタイム出勤、技術書の購入補助、社内勉強会の開催、国際学会への登壇支援、PCやモニタなどを自由に選べるなどがあります。OJTや社内トレーニングなどの教育体制についても確認しておきましょう。

　採用の経緯や増員する職種からも、働きやすい会社かどうか推察できます。労働環境への設備投資や柔軟な働き方の許容など、エンジニアが成果を出しやすい環境作りに取り組んでいるかを確認してください。

スキルセットと組織体制

　「2-1 データサイエンティストのスキルセット」で解説したように、データサイエンティストの基本的なスキルとして、業務課題を見つける「ビジネス力」、データを分析して新たな発見をする「データサイエンス力」、必要なデータを集めて整備する「データエンジニアリング力」があります。加えて、各種プログラミング言語、分析ツール、数学、統計、業務知識などが挙げられます。

　代表的なプログラミング言語には R や Python があり、いずれも分析に使用する豊富なパッケージ（ライブラリ）があります。また、データ分析ツールの SPSS や SAS を使用する場合もあれば、BI ツールや SQL の知識が重要視される現場もあります。企業が求めるスキルと自分が持っている（または習得したい）スキルに乖離がないか、注意しましょう。

　前節で解説したように、所属する企業の事業形態によって業務は変わりますし、日本企業と外資系で仕事の進め方が異なる場合もあります。成果を出すための期間も、研究開発、事業会社での分析、受託分析のどこに所属しているかで異なるでしょう。組織体制を読み取るのは難しいですが、意思決定者との距離感、データ分析を重視する企業風土かも考慮に入れる必要があります。

注意が必要な募集要項とは？

　データサイエンティストの求人は玉石混交です。専門性が求められる職業にもかかわらず、過度に未経験者歓迎を強調したり、高い給与をアピールする求人には注意が必要です。そういった企業は、データサイエンティストへの理解が乏しいことがほとんどです。

　求人情報の悪い例とよい例を記載するので、参考にしてください。

>>> **Next Action** <<<

　募集要項でわかることは、待遇だけではありません。福利厚生や組織体制などを考慮する必要があります。身近にある求人情報から、その企業がどんな人材を探しているのか推測してみましょう。

図 2.4　NG な求人票の例 1

社名	安心銀行	
職務内容	フィンテックによって弊社が保有する豊富な金融データと長年にわたって構築した信頼関係により、新たなビジネスの創造を担う中核人材として、地元の企業と住民の皆様に愛されるデータサイエンティストとして活躍してください。	
おもな職務	自社データを利用した分析モデルの開発 データ基盤の構築 外注エンジニアの管理 経営層への新規ビジネス提案	要求が抽象的かつ広すぎる
必須能力・経験	優れたデータ分析能力 豊富な金融知識 ビジネスマンとしての提案力 お客様に信頼されるコミュニケーション能力	求める能力が曖昧
望ましい経験	理系大学院を卒業 統計検定 1 級 TOEIC 900 点以上 国内外の学会で AI・DS の論文発表経験	要求が高すぎる
待遇	月収 22 万 5000 円〜（残業代・手当込み）	新卒と大差ない
勤務地	本店および全国支店	転勤の可能性大

図 2.5　NG な求人票のモデル例 2

社名	SES ソリューションズ	
職務内容	データ分析担当（未経験可）	採用基準が低い
必須能力・経験	プログラミング言語（Python / Ruby / Java など）のスキル 簡単な SQL の理解 システム開発の経験（半年以上）	
望ましい経験	データ分析または BI ツールの利用経験	
待遇	年収 300 〜 600 万円	
勤務地	東京 23 区の取引先	客先常駐が前提

図 2.6　有望な求人票の例

企業名	TECH NEWS JAPAN
募集職種	ソフトウェアエンジニア（ニュース配信） 機械学習エンジニア（広告最適化） セキュリティエンジニア フロントエンドエンジニア スマホアプリケーションエンジニア（Android / iOS） データ基盤エンジニア プロダクトマネージャー
職種名	機械学習エンジニア
採用背景	ニュース配信事業において、データ利活用の範囲を拡大するため
職務内容	ユーザーの閲覧状況や配信広告データをもとに、機械学習を用いてデータ分析・活用を担当していただきます。 社内業務で利用する機械学習ツールの設計および構築 各種テスト環境の設計および構築 データ分析基盤の開発、整備
必須能力・経験	機械学習やコンピュータサイエンスやアルゴリズムの理解 理系学部の大学卒業程度の数学および統計の知識 データ分析における特徴量の抽出やモデルの選定 社内システムへの実装と性能評価 事業貢献に向けた提案力 プログラミング言語経験（Python・Ruby など） Git による複数メンバーでの開発経験 学部卒レベルの統計および数学能力 問題解決のための論理的思考力
望ましい経験	分析モデルの設計業務 データ分析基盤の構築・運用経験（大規模ならなおよし） 運用業務の自動化・効率化
開発環境	言語：Python / Go DWH：PostgreSQL / BigQuery インフラ：AWS/GCP コミュニケーション：Slack チケット管理：JIRA コード管理：GitLab CI ツール：GitLab-CI
待遇：	800 〜 1500 万円
勤務地	東京本社（転勤はありません）

求める職種が細分化されている

スキルが明確にされている

開発環境が整備されている

金額レンジが高い

転勤なしを明示

2-5 東京と地方での働き方の違い

マスクド・アナライズ

対象読者

学生 ☑　ジュニア ☑　ミドル ☑

キーワード

ウェビナー、テレワーク、ニアショア

AI など最新の IT を推進する取り組みは、地域によって差があります。本節では仕事の受注方法や地方の取り組み、地方での働き方を見ていきます。

東京一極集中と情報格差

IT 企業は東京に集中しており、地方はもちろん大阪と名古屋の都市圏においても、IT 産業への従事者は少ないと言えます。そのため、データ分析の職種に就くことを考えると、東京の企業を選択することになるでしょう。

IT の導入活用という面で見ると、最新の技術知識を持つ IT エンジニアが多い東京では新製品を比較的簡単に導入できます。地方では、需要があってもオンラインサポートや地元販売店による導入支援では限界があり、普及の障害になっています。そのため、新しい製品や技術が東京から普及する時間差を利用して、競合の少ない地方で導入を進める「タイムマシン経営」も展開されています。

展示会やイベントは東京周辺で開催されることが多く、情報へのアクセスにおいても、地方との格差がありました。一方で、オンラインのミーティングツールを使用した**ウェビナー**（オンラインセミナー）や就職活動の面談も一般化しつつあり、東京都と地方における格差は縮まる傾向にあります。

データサイエンティストのキャリアと雇用

2

変わろうとする地方と企業

　地方自治体は現状を憂慮し、さまざまな IT 支援策に取り組んでいます。地域活性化の手段として、サテライトオフィスや研究所などの企業誘致、**テレワーク**による移住者支援などを掲げています。一例として徳島県神山町では光ファイバー回線の整備がきっかけとなり、2010 年以降に IT 企業など 16 社が移転やサテライトオフィス（支社・研究所）の設置を行った実績があります。長野県では「信州 IT バレー構想」を掲げて、IT 企業の誘致や地元で働く IT エンジニアの環境作りを進めています。

　情報処理推進機構（IPA）も地方活性化に取り組んでおり、各地域に「IoT 推進ラボ」を組織して、企業の支援活動を推進しています。食品加工業や製造業における生産性向上や、過疎化や高齢化対策として IT の適用事例が見られます。

　複数人が異なる場所で開発をすることも想定される IT 企業は、テレワーク環境が整備されています。オフィスに出社する必要性が下がれば、地方への移住はより現実的になるでしょう。企業においてもオフィスの家賃や従業員への通勤手当や住宅手当などの費用削減において、地方に拠点を設置するメリットが出てきました。

異なる営業方法

　営業活動においても、東京と地方では異なります。東京では新規顧客であっても Web を経由して認知から問い合わせにつながる場合も多いですが、地方では長年取引のある企業に話を通す必要があるなど、受注には人脈や信頼関係の構築が必要です。地方への進出や独立起業においては、人づての紹介に頼る形となります。自治体や商工会議所といった団体とのコネクション、地元メディア（テレビ・ラジオ・フリーペーパーなど）での宣伝、IT の身近な相談窓口としての活動などをきっかけに営業することになります。地域コミュニティゆえに口コミによる噂や評判は広まりやすく、既存取引先の影響力も強いため、立ち振る舞いには注意が必要でしょう。

地方企業向けの案件で値下げ交渉を迫られる例や、地元の有力企業を通して受注しなければならないといった事情もありえます。また、地元の工場向け案件などでは、意思決定や予算が東京本社にあり、受注までに時間がかかる場合もあるでしょう。

競合が少ないため、東京で培ったノウハウで優位に立てる場合もあります。また、地元企業からの需要がなければ、東京の企業から仕事を請ける**ニアショア**という方法もあります。地方ではIT企業やエンジニアが不足しており、地域活性化のために活躍できる場は広まっています。

>>> Next Action <<<

場所を選ばず活躍できるのがデータサイエンティストの魅力です。テレワークの普及により、自宅や地方での仕事がしやすくなりました。東京だけでなく、地方での需要も高まっています。地方での働き方に興味があれば、どのようなIT企業が進出しているか、地域活性化のためにデータ分析が活用できるかなどを考えてみましょう。

表 2.2　東京と地方の比較

		東京	地方
ビジネス	給料の高さ	☆☆☆	☆
	市場規模の大きさ	☆☆☆	☆ （大阪・名古屋は☆☆）
	就職・転職のしやすさ	☆☆☆	☆
	競合の少なさ	☆	☆☆☆
	起業のしやすさ	☆☆☆	☆☆
	エンジニアコミュニティの多さ	☆☆☆	☆
	技術力の高さ	☆☆☆	☆☆
生活	住みやすさ（家賃）	☆	☆☆☆
	通勤環境	☆	☆☆☆
	自然の豊かさ	☆	☆☆☆
	子育てのしやすさ	☆☆	☆☆☆

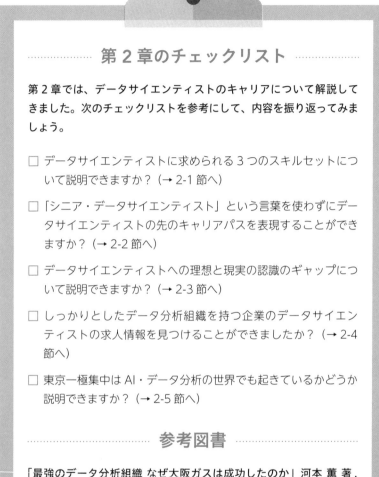

第 2 章のチェックリスト

第 2 章では、データサイエンティストのキャリアについて解説してきました。次のチェックリストを参考にして、内容を振り返ってみましょう。

☐ データサイエンティストに求められる 3 つのスキルセットについて説明できますか？（→ 2-1 節へ）

☐ 「シニア・データサイエンティスト」という言葉を使わずにデータサイエンティストの先のキャリアパスを表現することができますか？（→ 2-2 節へ）

☐ データサイエンティストへの理想と現実の認識のギャップについて説明できますか？（→ 2-3 節へ）

☐ しっかりとしたデータ分析組織を持つ企業のデータサイエンティストの求人情報を見つけることができましたか？（→ 2-4 節へ）

☐ 東京一極集中は AI・データ分析の世界でも起きているかどうか説明できますか？（→ 2-5 節へ）

参考図書

「最強のデータ分析組織 なぜ大阪ガスは成功したのか」河本 薫 著 ,
日経 BP, 2017 年 .

第 3 章

データサイエンティストの
実務と情報収集

3-1　企業でデータ分析を始めるときのポイント

3-2　副業でデータ分析を始めるときのポイント

3-3　フリーランスでデータ分析を始めるときのポイント

3-4　情報収集の方法

3-5　情報発信の方法

企業でデータ分析を 始めるときのポイント

小西哲平

対象読者				キーワード

対象読者　学生 ☑　ジュニア ☑　ミドル ☐

キーワード　実データ、データ分析組織、企画書

データ分析の経験を積みたいと思っても、個人ではなかなか実データは手に入りません。企業に所属すれば社内に蓄積されたデータを分析できるチャンスがあり、データ分析専門の部署がある場合もあります。本節では、企業でデータ分析を行ううえでのポイントを紹介します。

企業でデータ分析をするメリット

　企業でデータ分析をするメリットは、組織でデータ分析に携われる点です。データ分析といっても課題設定、全体設計、前処理、モデル構築、評価、報告書作成など、その業務は多岐にわたります。始めからすべてを1人で行うのは大変なので、組織として動く中で必要なスキルやノウハウを身につけることができます。

　また、**実データ**にふれられる点もメリットです。Kaggle などのデータ分析コンペティションで用いられるデータは、すでに構造化[*1]や匿名化[*2]などの前処理が施されていることが多いです。実際にデータ分析を実務で行う場合、きれいに整形されたデータを取得できることは難しく、このような前処理のノウハウが必要です。

　社内の実データを用いて自らが行った分析により企業のビジネスによ

[*1]　データベースのように行と列で構成されているもの。

[*2]　個人を特定できないようにすること。

い効果が認められた場合、社内の反応は得やすく、自身の貢献も説明しやすいと言えます。キャリアを積むうえで、どのようなデータを分析して効果が出たかを実体験に基づいて説明できることは重要です。また、課題設定や社内説得のプロセスを経験できるメリットもあります。

データ分析部署での活動

　最近ではデータ分析専門の部署を持つ企業も増えてきています。すでにそういった部署が存在する場合、その企業でデータ分析をする意義について合意が得られており、もしその部署に所属していれば分析実務に着手しやすいでしょう。一方、その部署に所属できていない場合は、自らがその部署と関わるための工夫が必要です。たとえば、まだ誰も分析していないデータについて、前項で挙げたプロセスを経ることで実績を示し、ゆくゆくは異動を申し出ることも可能かもしれません。もしくは、客観的なスキルを示すために Kaggle などのデータ分析コンペティションで実績を積むことも、個人の実力を証明するよい機会でしょう。

　データ分析部署に所属するメリットとしては、1人ではなく複数人がチームとなって分析にあたるため、気軽に相談でき、複合的な知識、スキルが身につく点が挙げられます。最新手法や分析による成果がシェアされることで、自らの分析アプローチも改善されます。

　また分析チームのマネジメントスキルをつけるには、専門の部署で活動することが近道だと考えられます。

データ分析部署がないときの始め方

　しかし、企業によっては分析専門の部署が存在しないことも考えられます。ここでは、分析部署がまったくないケースで分析業務に従事するにはどういう立ち振る舞いが考えられるのか解説します。

　それでは何から始めましょうか？ 最初は社内に扱えるデータが存在するのかを確認します。たとえばネットショップを運営している企業の場合、Web サイトへのアクセス履歴や顧客データベースなどがあります。

3

データサイエンティストの実務と情報収集

製造業の場合、工場内の監視や部品検査に用いるカメラには、大量の画像データが蓄積されています。どのようなデータが社内に蓄積されているかを社内の知り合いにヒアリングするなどして、リストアップします。もしくは興味のあるデータがあるか確認してもいいかもしれません。

　リストアップが終わったら、データを保有する部署に問い合わせますが、「なぜそのデータを開示しなければならないのか」を説明できないと、データを保有する部署としては回答できないことが多いです。

　そこで、分析対象のデータに目星がついたら、実施したい分析について**企画書**を作成します。企画書には次の項目を記載してください。

- 現状の課題
- 分析の目的
- 分析により得られる効果
- 分析手法
- スケジュール
- 予算
- 開示してほしい情報の一覧

　先進的な分析手法が適用できても、現状の課題を解決できなければデータ分析の価値がないと判断されかねません。関連部署へのヒアリングで課題を明確にし、データ分析によるアプローチについて妥当性を説明できることが重要です。とくに近年は AI・データ分析というキーワードがあれば、分析のためだけにデータを使用できるかもしれませんが、分析後に何の効果も得られないということも考えられます。その場合の責任は分析担当者自身にあるため、自己防衛のためにも、**企画書には課題と目的、想定される効果を整理する**必要があるでしょう。

　スケジュールや予算についても相手の部署と合意を得る必要があります。データ分析に特化した部署がない場合、分析ツール、分析用のプログラミング環境、そもそもインターネット環境がない場合もあるため、データ量や種類に応じて分析環境を構築する予算を見積もります。

　企画書が作成できたら、データを保有する部署の担当者に説明し、合意を取り付けて分析を行うのが一連のプロセスです。

このようなプロセスを1人で行うとハードルが高いので、同じような興味を持っている仲間を見つける、もしくは専門家にアドバイスを求めるなど、協力者とともに活動することで成功する確率が上がります。

データ分析受託会社という選択肢

データ分析の実務を経験するには、データ分析を専門に扱う企業に就職する方法もあります。就職した企業で教育を行っていることがあるので、入社後でもスキルを身につけられます。一方、転職の場合は実務経験がないとややハードルが高いので、まずは前述のように所属企業でできる分析業務をやってみるのがよいでしょう。

>>> Next Action <<<

企業でデータ分析組織がある場合とない場合で、どのような行動がポイントになるか解説しました。自社内で活用できるデータがあればそこで実務経験を積み、なければデータ分析に取り組んでいる企業への就職を検討しましょう。

図 3.1　企画書の構図

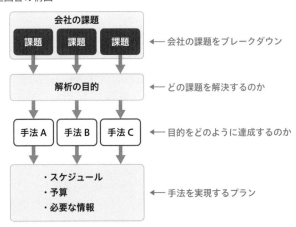

3-2 副業でデータ分析を始めるときのポイント

小西哲平

対象読者			キーワード
学生	ジュニア	ミドル	リスク、前提条件のすり合わせ、
☐	☐	✓	期待値コントロール

副業の場合は即戦力かつ短期間で結果が求められるため、企業である程度の実績を持つほうが望ましいと考えられます。副業としてデータ分析をすることで、1つの企業に所属するよりさまざまなデータにふれられるため、本業では得られないスキルや経験を身につけられます。一方、本節では副業を行うデメリットにふれるとともに、どのように案件を獲得するかを解説します。

副業のメリット／デメリット

　データ分析に関する副業には、多くのメリットがあります。現在所属している企業内にはないデータにふれられる可能性があるので、分析スキルとともに経験の幅が広がります。キャリア面から見ても、組織ではなかなか見えにくい個人の実績につながります。また、いろいろなプロジェクトに参加できれば、データ分析に関わる人脈が広がるメリットもあります。

　一方で、副業には**リスク**もあります。たとえば、時間管理がうまくできないと、副業にかける時間を確保できず、期待された成果を出せないばかりか、本業にも影響を及ぼすリスクもあります。

　また、依頼主と個人事業主として直接契約した場合は契約主との支払い金額についてトラブルになる可能性もゼロではありません。メリットは多い副業ですが、リスクマネジメントは個人の責任で負う必要があります。

副業の探し方

副業を探すには、大きく分けて次の3つがあります。

- エージェント
- 副業募集サイト
- リファラル（紹介）

エージェントや副業募集サイトを経由した場合、エージェントや仲介業者が副業先を探して面談を実施し、双方の合意を得て業務を実施します。

そのほかにも、データ分析を行っている知り合いから声をかけられて副業を始めることもあります。

副業として選ぶべき分野

副業を始める分野を選ぶ方法を2つ紹介します。

1つめは、「経験したことがある分野／案件」を選ぶことです。副業を依頼する企業は、おもに即戦力を求めています。経験の浅い分野の仕事で、分析に時間がかかり依頼主に迷惑をかけることは避けましょう。業種がまったく同じでなくても、これまでの経験から想像しやすい分野、経験したことがある分野を選択するのが安心です。

2つめは、「取り扱ったことがある分析アプローチが適用できる案件」を選ぶことです。経験がない業種でも、これまでに扱ったことのある分析アプローチであれば、仕事を請け負うことで業種経験の幅が広がります。たとえばWebサイトの閲覧履歴からユーザープロファイルを行っていた方が、小売の購買履歴データからユーザープロファイルを行う分析に挑戦するなら、業種は違っても分析アプローチが類似しているので対応できる確率は高く、期限までに成果を出せるでしょう。

副業でとくに気をつける点

副業では組織で動くことが少ないため、不測の自体が起こったときに

データサイエンティストの実務と情報収集

代替できる選択肢（たとえば人員増強など）は少なくなります。

　打ち合わせの初期段階から綿密に要件を定義し、「ある分析がうまくいった場合はこの方法を試します」「この前提が崩れたら、期限が伸びます」など、**前提条件のすり合わせ**が重要です。なぜなら、データを見て分析するまで、どんな結果になるか、どの手法がマッチするかを判断できないことが多く、事前に見積もる範囲には限界があるからです。

　データ分析は、不確実なタスクの連続です。要件や前提条件の意識合わせを行うとともに、他社の分析事例を示して分析ステップについて具体的に理解してもらう工夫も有効です。得られる成果も、「この前提で分析手法とデータがマッチした場合、この程度の効果が見込めます」などのパターンを用意しておき、お互いに不幸な結果にならないよう努めるのが重要です。また、説明のしかたとして、大げさに言わない、リスクは必ず説明する、など期待値を上げすぎないように気をつけましょう。

　要件の明確化と期待値の調整については「6-1 AI・データ分析プロジェクト設計の注意点」「11-8 経営層との期待値調整」で深掘りして記載しています。

≫≫≫ Next Action ≪≪≪

　副業には、経験を積むメリットが多い一方で負うべきリスクや注意点も多くありました。もし自分が副業でデータ分析を始めるときはどんなことができるか、どんなことがしたいか考えてみましょう。その後はエージェント、副業募集サイト、身近な友人、同僚などの人づてなどで分析を募っている会社がないか探してみましょう。

図 3.2　副業として選ぶ分野は、過去の経験をもとに考える

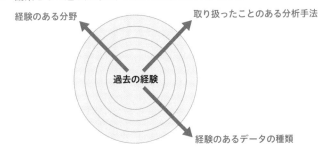

経験のある分野　　　　　　　　取り扱ったことのある分析手法

過去の経験

経験のあるデータの種類

図 3.3　副業先とのコミュニケーションの際に提示するパターン例

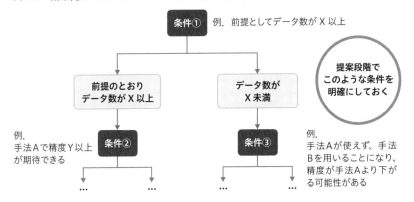

条件①　例．前提としてデータ数が X 以上

前提のとおり
データ数が X 以上

データ数が
X 未満

提案段階で
このような条件を
明確にしておく

例．
手法Aで精度Y以上
が期待できる

条件②

条件③

例．
手法Aが使えず、手法
Bを用いることになり、
精度が手法Aより下が
る可能性がある

…　　　…　　　　…　　　…

3-3 フリーランスでデータ分析を始めるときのポイント

小西哲平

対象読者

学生	ジュニア	ミドル
☐	☐	✅

キーワード

案件獲得、情報発信

フリーランスでデータ分析を生業とする場合は得意領域を定めることで、その領域の知識や人脈が広がり、さらなる案件の受託へとつながります。

何が得意か

　近年はデータ分析や AI 開発に取り組む企業が増えてきており、フリーランスや起業して間もないときは、特徴を出さないとなかなか案件獲得につながりません。得意な領域を明確にすることで、スキルを特化して伸ばすとともに、その領域で人脈ができるため、次の案件にもつながります。また、営業の際もターゲットが明確になるので効率的です。

　得意領域を定めるポイントは大きく2つあります。

1. 得意なデータの種類で絞る

　データ分析を行っていると、画像解析や自然言語解析など、幅広いデータにふれるため、ある意味何でもできるように説明してしまいがちですが、それでは特徴がわかりにくいため、たとえば「細胞画像に関する画像解析でのセグメンテーションは多くの経験があります」など、具体化して説明しましょう。それにより、クライアントも依頼時のアウトプットをイメージしやすくなります。

2. 得意な分野で絞る

　Web サービス、小売、製造、医療など、何をするにしてもその分野の知識が

ないと、依頼主の要望を嚙み砕けず食い違ったアプローチとなる可能性があります。また、結果を解釈できず、期待された成果を提供できません。得意領域を絞ることで、知識やノウハウが蓄積されるため、他社に対する優位性を築きやすいメリットがあります。

　得意な分野、データを明確にする方法として、まずは表のように過去に経験した分野やデータを整理してみましょう。

案件獲得の方法

　得意領域を絞ったあとは、どのようにして対象クライアントにアプローチをかけるかを検討します。データ分析界隈の同業者からの紹介が最も安心できます。「3-4 情報収集の方法」でも説明しますが、勉強会・セミナーなどでデータ分析界隈の人とつながっておくと、そこから紹介につながることが多いです。データ分析業界には多くの案件があるため、もともと請け負った企業だけでカバーしきれない専門領域の依頼があります。そのようなときに、得意分野が明確な企業やフリーランスを紹介するのはよくある話です。

　また、地道ではありますがメディア（ブログ／Webメディア／専門誌への寄稿）で情報発信することで、知名度を獲得する方法もあります。すぐに成果が出るわけではありませんが、地道に続けていると急に大きい案件につながることもあります。その際は得意領域と連絡先を忘れずに記載してください。興味を持った方から案件の連絡が来ることがあります。

組織に縛られない仕事のメリット／デメリット

　データ分析に限りませんが、フリーランスにはメリット、デメリットがあります。

　一番大きなメリットは、組織に縛られないため、どういう仕事を選ぶかが自由なことです。データ分析が好きでやりたい仕事が明確な場合やすでにクライアントのあてがある場合には、フリーランスは1つの選択肢です。また、副業と比べてフルタイムでデータ分析に没頭することで、

スキルを高めることも可能です。

　一方、自身の裁量で仕事を選択できるぶん、その責任も大きくなります。たとえば、始めはクライアントを獲得できていても、単発の契約になってしまい継続的に仕事が入ってこないリスクもあります。

　冒頭でふれたようにデータ分析、AI開発は、大手を含めて競争が激しい分野です。フリーランスでデータ分析を始めるにあたっては本当にその分野で勝てるのかを見極めながら戦略を立てて、メリットとデメリットを洗い出したうえでの決断をお勧めします。

>>> Next Action <<<

　フリーランスを始めるときは、得意な領域を持つことが必要です。本節ではフリーランスのメリットやデメリットも紹介しましたが、どの領域で勝負するのかはこれから身につけるスキルによります。そもそも独立がベストな選択肢となるのか、得意な領域を持っているかを考えてみましょう。

表3.1　経験した分野やデータを棚卸しして、強みを明確化する（例）

経験した分野＼扱ったデータ	購買履歴	位置情報	Webアクセス履歴	画像
小売実店舗のマーケティング支援	○	○		
Webサイトのアクセス向上施策			○	
工場の部品異常検知				○

3-4　情報収集の方法

小西哲平

対象読者			キーワード
学生	ジュニア	ミドル	ブログ、勉強会、イベント、Twitter、
☑	☑	☐	

データ分析手法や AI 技術は日々進化しており、いち早く情報を入手する必要があります。また、学術的な知識も必要なため、勉強会やセミナーに参加して深い知識を手に入れましょう。

Web サイトをチェックする

まずは技術トレンドや解析事例が紹介されている Web サイト、ブログなどを調べてみましょう。代表的なサイトをいくつか紹介します。

AI・データ分析関連情報

AI-SCHOLAR
https://ai-scholar.tech/

AI BIBLIO
http://ai-biblio.com/

アイブン
https://aiboom.net/

Ledge.ai
https://ledge.ai/

AINOW
https://ainow.ai/

KDnuggets（英語）
https://www.kdnuggets.com/

クラウドベンダー・企業、個人の情報発信

NVIDIA
https://blogs.nvidia.co.jp/

Amazon Web Services ブログ
https://aws.amazon.com/jp/blogs/news/

Google Cloud ブログ
https://cloud.google.com/blog/ja

Preferred Networks Research & Development ブログ
https://tech.preferred.jp/ja/blog

CyberAgent AI tech studio ブログ
https://cyberagent.ai/blog/

Platinum Data Blog by BrainPad
https://blog.brainpad.co.jp/

渋谷駅前で働くデータサイエンティストのブログ
https://tjo.hatenablog.com/

Google AI Blog（英語）
https://ai.googleblog.com/

Facebook AI Blog（英語）
https://ai.facebook.com/blog/

AWS Machine Learning Blog（英語）
https://aws.amazon.com/jp/blogs/machine-learning/

▎▍ 勉強会に参加する

　勉強会に参加することで、データ分析者の生の声が聞けるため、積極的に参加しましょう。勉強会で知り合った同業者ともネットワークをつなげましょう。勉強会を調べるには次のサイトが便利です。

TECH PLAY（セミナー全般）
https://techplay.jp/

Peatix（セミナー全般）
https://peatix.com/

connpass（技術系が多い傾向）
https://connpass.com/

Meetup（海外）
https://www.meetup.com/

最近は無料の Web イベントも多く、気軽に参加できます。

書籍を調べる

AI・データ分析に関する書籍はたくさん販売されているため、自身に合った書籍を購入してみましょう。

実際のビジネスでデータ分析をどのように活用できるかは、次の書籍を読むことでイメージを持てるのではないでしょうか。

- 仕事ではじめる機械学習（オライリー・ジャパン、2018 年）
- データサイエンティスト養成読本 ビジネス活用編（技術評論社、2018 年）
- 統計学が最強の学問である（ダイヤモンド社、2013 年）

情報が集まってくる環境を作る

1 人で多くの情報を調査することは難しいので、Slack などのツールを使って、チーム全体で情報を共有できるようにしましょう。複数人で情報を共有することで効率よく情報を集めることができます。Slack には情報共有や交流を目的としたワークスペースもありますので、ご自身で調べてみてください。

Twitter は最新の情報が得られるので、情報収集の手段として有力です。フォローする際は、投稿内容から技術的なトレンド、ビジネス活用などあなたに合ったアカウントを選択しましょう。また、著名人が誰をフォローしているかも確認してみましょう。たとえば、本書の著者のマスクド・アナライズ（@maskedanl）さんや伊藤徹郎（@tetsuroito）さんなどは参考になります。興味のある勉強会のハッシュタグを確認し、その勉強会に参加している人や登壇者をフォローすることもお勧めです。

┃┃ もっと深い情報を得るために

　より深くデータ分析の動向や知識を得るためには次のような方法があります。

- 学術論文の調査
- スクールへの参加

　学術論文については Google Scholar を用いて検索できます。発行年をフィルタで絞り込んで検索できるため、最新の論文に絞って調査できます。次にスクールへの参加ですが、費用はかかるものの基礎的な分析アルゴリズムや応用事例について解説してくれるものもあります。たとえば、Udemy や Techacademy などは多くのコースが用意されているため、レベルに合わせて学習を進められます。さらに学術的に専門知識を得たい場合は、大学院に進学するという方法もあります。

>>> Next Action <<<

　まずは Web サイトや SNS を確認し、どのような情報が自身に足りていないかを把握し、今後も必要な情報かを精査したうえで、情報が集まる環境を作りましょう。また、現役のデータサイエンティストが集まるような勉強会へ参加してみましょう。

表 3.2　情報収集の方法と特徴

方法	特徴
Web サイトを確認する	• 最新の情報を入手できる • SNS に比べて情報量が多い
勉強会に参加する	• トレンドの把握やニッチな技術解説まで幅広く情報を得る手段 • 興味ある分野の人たちと人脈ができる
書籍を調べる	• 最も詳しく上質な情報が手に入るが Web サイトや SNS に比べると時間差がある
SNS を確認する	• トレンド、キーワードを把握できる

情報発信の方法

3-5

伊藤徹郎

3

データサイエンティストの実務と情報収集

対象読者			キーワード
学生	ジュニア	ミドル	ブログ、勉強会、イベント、輪読会
✓	✓	✓	

情報収集で重要なのは、自ら情報を発信することです。調べた情報を実際に試して発信することで、新たな気づきや学びを得ることができます。
本節ではブログによる技術情報の発信、イベント開催で情報を集める方法、継続的に実践する大切さを解説します。

ブログで技術情報を発信する

　情報を収集するには、自ら情報を発信することが一番の近道です。手軽にできる方法はブログを開設し、技術情報を発信することです。なぜブログを書くことで情報収集の効率が上がるかを簡単に説明します。インターネット上に情報を公開するには、発信したい技術情報を事前にリサーチして、自ら手を動かして検証を行い、ほかの人に伝わるよう説明するため、より学習効果が高いと言えます。このような内容を発信していると、コメント機能などでフィードバックがあったり、別の関連情報を教えてもらえたりもします。こうして、自分では気づけなかった内容を知ることが期待できますし、効率的にほしい情報へたどり着くことができます。ブログを開設しなくても、Qiita などのサービスを使えばすぐに発信することができます。

　ブログの反響をアクセス解析することで、ほかの人がどんな情報に興味があるのか、どんな検索ワードでたどり着いているかなど、思いがけ

ない情報を得ることもあるでしょう。こうしたデータと情報をふまえて、よりニーズに沿った記事を書くことができるかもしれません。

　完璧なブログ記事を最初から投稿することは難しいです。もちろん最初から完成度は高いほうがよいのですが、いつでも修正できるので、まずは勢いで書き上げて粗くても発信するほうが重要です。これによって、疑問点の問い合わせや修正の指摘などのフィードバックが得られるのも情報発信の利点です。ただし、中途半端な内容を発信することをよしとしない方も多くいます。その場合は継続的に内容を改善して、情報を発信することを見せるのもよいでしょう。また、最近では YouTube などの動画配信や Podcast などの音声メディア、技術同人誌を書いて発信する事例も増えています。こちらについては、誌面の都合上、割愛しますが、ブログに並ぶ有用な情報発信方法になるでしょう。

❚❙ 自ら勉強会やイベントを開催する

　自分の気になるテーマの勉強会やイベントを開催するのもお勧めです。対外的なイベントの開催はハードルが高いため、まずは社内などのつながりで開催するのもよいでしょう。始めやすいのは、興味のある書籍を題材にした輪読会です。同じ書籍を読み、内容について意見を交わすことで、得られる情報や視点も多いでしょう。また、同じ書籍に興味を持つ人々が集まりやすいので、何も思い浮かばないときは輪読会を開催してはいかがでしょうか。

　前節で情報収集について解説しましたが、その内容は最終的なアウトプットや結果がほとんどです。プロセスにおける試行錯誤が見えにくいため、ハマりポイントが多くなります。一方で勉強会やイベントでは、専門家に話を聞けるチャンスがあります。興味のある話題について、背景知識からプロセスの試行錯誤も含めて聞ければ、自分が挑戦するとき大きなアドバンテージとなります。最近では企業がイベントスペースを貸し出したり、参加者を募ってイベントを管理するサービスが手軽に扱えるなど、イベント開催のハードルは下がっています。

　1 人では限界があるので、同僚や知り合いのエンジニアと一緒に開催す

ることで、ハードルは下がるでしょう。執筆時点では新型コロナウィルスの影響もあり、リアルイベントの開催は減少していますが、一方でオンラインでのイベント開催が増加しています。

　また、SNSを使えば効果的に集客もできるため、これらをうまく活用してイベントを開催するのはいかがでしょうか。

継続的に発信する

　ブログ執筆や勉強会・イベント開催においても、継続的に活動することが大事です。初回の学習効果が高く完全に理解した気になることをダニング・クルーガー効果[*3]と言いますが、特定のテーマに関する情報収集は粘り強く続けることが重要です。とくに、最初のうちは見てくれる人も少なく、心が折れがちです。そういうときは、話題になっている技術をいち早く検証するなど、内容を工夫するとよいでしょう。自分が興味あるトピックと関連した話題にアンテナを張っておけば、読者も増えるでしょう。

　車輪の再発明ではありませんが、「巨人の肩に乗る」という言葉があります。情報収集・発信にあたっては、先人の知恵を借りることで、自身が前に進むことができます。謙虚な気持ちで日々の情報収集・発信にあたってください。

≫≫ Next Action ≪≪

　情報収集だけでなく、自ら情報を発信することで得られる情報も多いです。自分で情報を発信できるブログを開設したり、興味のあるテーマのイベントを開催したりし、継続的に情報発信をしてみましょう。

[*3]　能力の低い人物が自らの発言・行動などについて、実際よりも高い評価を行ってしまう優越の錯覚を生み出す認知バイアス。

表 3.3　情報発信のメリット

方法	メリット
技術ブログを書く	• 自分の興味のある技術情報を手を動かしながら学べる • 言葉で説明することで理解できていない部分がわかる • コメントなどにより、第三者から指摘をもらえる
イベントを開催する	• 教科書を用いた輪読会をすることで、特定のテーマに対する知識が深まる • 特定のテーマとトピックについて詳しい人に話をしてもらうことで、本だけでは得られない情報が得られる • 同じような悩みを持つ参加者の質問も学習のよいきっかけとなる
継続的に発信する	• 継続的に情報を発信することで、その分野に関する体系的な情報を整理できる • 情報発信していることで、自らのブランディングにもつながる • 別のイベント主催者から登壇に呼ばれ、さらに活動の幅が広がる

図 3.4　ブログの例

図 3.5　イベント開催時のチェックリスト

☑ テーマを決める

☑ 開催方法を決める（どこでやるのか、いつやるのか）

☑ イベントのタイムラインを決める

☑ 登壇者を集める

☑ イベントページを公開し、参加者を集める

☑ イベントを開催する

第3章のチェックリスト

第3章では、データサイエンティストの実務の概要と情報収集、情報発信について解説してきました。次のチェックリストを参考にして、内容を振り返ってみましょう。

- [ ] データサイエンティストを目指す立場として、企業でデータ分析をするメリットについて説明できますか？（→ 3-1 節へ）

- [ ] データ分析の副業の探し方と副業として選ぶべき分野の選び方について説明できますか？（→ 3-2 節へ）

- [ ] フリーランスとして組織に縛られない仕事のメリット・デメリットについて説明できますか？（→ 3-3 節へ）

- [ ] 自身のほしい情報がありそうな Web サイトやセミナーはあったでしょうか？（→ 3-4 節へ）

- [ ] ブログ以外の効果的な情報発信の方法について説明できますか？（→ 3-5 節へ）

参考図書

「読みたいことを、書けばいい。」田中 泰延 著, ダイヤモンド社, 2019 年.

第 2 部

プロジェクトの入口

第 2 部ではプロジェクトの提案と案件の獲得に関して説明します。ゼロからプロジェクトを始めるには、提案書作成、AI・データ分析によって解決したい課題の見極め、費用対効果、プロジェクト体制の検討、最終的に誰を説得するのかなどさまざまな検討事項があります。自社にデータ分析組織がない場合は、読者の皆様自身が旗振り役となり、組織の起ち上げに向けて動くことになるでしょう。

プロジェクト化が決まれば、データの取り扱いに関する法律や契約についても細心の注意が必要です。ご自身の立場や所属企業・組織の状況に合わせて読み進めてください。

第 4 章　社内案件の獲得と外部リソースの検討

第 5 章　データのリスクマネジメントと契約

第 **4** 章

社内案件の獲得と
外部リソースの検討

4-1　データ分析組織の見極め

4-2　データ分析組織の起ち上げ

4-3　社内案件の獲得方法から見積もりまでの流れ

4-4　提案書作成と必要項目

4-5　組織構造の把握

4-6　外注費用とスケジュール

4-7　外注先からの見積もり確認とリスクヘッジ

4-1　データ分析組織の見極め

マスクド・アナライズ

対象読者　　　　　　　　　　　　　　　　　　キーワード

| 学生 | ジュニア | ミドル |

□　　　☑　　　☑

データドリブン、AI-Ready、
トップダウン、ボトムアップ

企業によってデータ活用の状況は大きく異なります。大量のデータを効率よく管理し、可視化や分析を行っている企業はまだ少ないのが現状です。データ活用組織の定義と見分け方、組織の将来に向けて取り組むべき課題を説明します。

データドリブンとは？

　データ収集と分析を繰り返しながら、アクションプランを実行することを**データドリブン**（データ駆動）と呼びます。

　これを実行するには、目的に応じて必要なデータを収集して、レポートなどで可視化します。次に検討された施策を実行に移して、成果を評価するまでが一連の流れです。

　しかし、こうしたデータ分析と施策の評価を繰り返している企業は、まだ少ないと言えます。データドリブンを実現するには、容易にデータを収集および取得できるデータベース基盤や BI ツール、データ分析ツールなどの導入が必要です。合わせて重要なのが、これらのツールとデータ分析手法を使いこなせる組織と人材です。これらは「9-3 データドリブンな文化構築を目指すうえで重要な BI ツール」でも説明されています。

　一方で経営陣の IT・データ分析に関するリテラシー不足や、現場における「KKD（勘・経験・度胸）」がいまだに重視されるなど、データ活用が十分に進んでいないのも事実です。ここでは組織におけるデータ活用

文化をどうやって見極めるかについて考えます。

データ活用状況の見極め

　企業におけるデータ活用の進捗を見極める指標に、**AI-Ready**[1] があります。これは企業の経営層、専門家、従業員の AI に対する理解度や業務における AI・データ分析の活用状況を 5 段階で評価したものです。

　一番下のレベル 1 では経営層に AI への理解がなく、専門家がおらず外注に依存して、従業員は勘と経験に頼り、レガシーシステムが複雑・肥大化してデータを活用できていない段階です。まずは自社において何が足りないかを認識しましょう。どうやってデータ分析組織を作っていくかについては、次節以降で考えていきます。

　なお、レベル 1 でありながら何の施策もとろうとしない企業でデータサイエンティストとして働くのは、避けたほうがよいでしょう。

　社外の立場からデータ活用状況を見極めるには、求人情報などからデータ分析チームや人材の有無、データ分析に関するリテラシー、データ基盤の状況などを判断する方法もあります[2]。また、勉強会やセミナーで発表された資料を調べたり、その企業の関係者から話を聞く方法があります。

　重要なことは、組織として課題を認識しながら現状から改善を図る意欲の有無を見極めることです。

組織としての文化醸成

　組織内にデータ分析文化を醸成させるには、**トップダウン**と**ボトムアップ**の両面から社内環境の整備や意識改革が必要になります。

　社内改革における反発は避けられませんが、他企業（とくに同業他社）を提案したり、外部のコンサルタントに協力を仰ぐなどが考えられます。

---

[1]　一般社団法人日本経済団体連合会「AI 活用戦略〜 AI-Ready な社会の実現に向けて〜」
　　https://www.keidanren.or.jp/policy/2019/013_honbun.pdf

[2]　求人情報については「2-4 求人情報からわかること」を参照してください。

　データ分析文化を醸成している企業の例として、大阪ガスや建設機械メーカーのコマツが挙げられます。大阪ガスではデータ分析チームの起ち上げ時から他の事業部との連携や貢献を重視し [*3]、時間をかけて小さな成果を積み重ねました。これはボトムアップで、社内の信用を築き上げた成果です。対してコマツでは社長のトップダウンによって、短期的なコストや利益にとらわれず、建機の稼働率向上策として GPS やセンサーを搭載 [*4] することで、新たなビジネスモデルを創出しました。このように大企業でもデータ活用を推進する事例は増えています。

>>> Next Action <<<

　データ分析を行っている企業のデータ活用状況を把握しましょう。データ活用状況を見極めるには、経営層の AI への理解、専門人材の在籍、従業員のデータ活用状況、データベースの整備状況などを調べましょう。また、求人情報にもヒントがあります。

[*3]　株式会社ロフトワーク「大阪ガス株式会社　現場の声がきっかけ、ボトムアップでスタートしたプロジェクト。」
https://loftwork.com/jp/project/20171108_osakagas/interview

[*4]　「KOMTRAX - サービス＆サポート」
http://www.komatsu-kenki.co.jp/service/product/komtrax/

図 4.1 データドリブンのサイクル

図 4.2 データドリブンに求められるサイクル

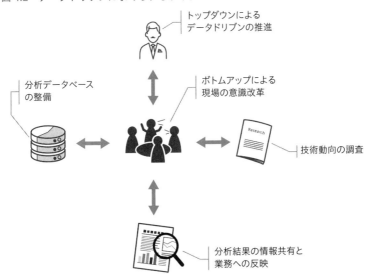

データ分析組織の起ち上げ

伊藤徹郎

対象読者

学生　ジュニア　ミドル

キーワード

データ活用の現状、課題の見極め、
協力者

所属する企業にデータ分析組織がなく新たに起ち上げるとなると、さまざまな困難を伴います。しかし、適切なアプローチを用いた組織として活動できれば、徐々に大きな成果を生み出せます。本節では、どんなポイントに注意して組織を起ち上げるか、データ活用の現状確認、課題の見極め、メンバー集めの観点から解説します。

データ活用の現状確認

まずは**データ活用の現状**を確認しましょう。前節では AI-Ready にふれましたが、次に確認するポイントを挙げます。

- データのアクセス方法（取得）について
- データの仕様確認
- データ分析環境やツールの把握
- 部署ごとのデータ活用状況
- データを活用できる人材の有無

まずはデータへのアクセス方法を確認します。データ分析の組織がない場合でも、何らかのデータの活用実績がないか探ってみましょう。たとえば、アンケートの集計結果や販売促進キャンペーンの効果などのデータです。その際、誰がデータを管理していて、どのようにデータを取得し、

それによってどんなデータが手に入るか確認しましょう。

　次に取得したデータの仕様を確認します。これはデータが発生するタイミングや種類を指します。たとえば、Web サイトの運用では、どのデータベースに、どんなデータ型で、どれだけの頻度と量で保管されているかを確認しましょう。

　そのうえで、取得したデータを分析する環境やツールを把握します。指定のツールがない場合は、用途に合ったものを検討するとよいでしょう。

　また、他部署におけるデータ活用状況のヒアリングも重要です。情熱を持って独自に活動している人もいるので、将来のメンバー候補として動向をチェックしておきましょう。

解決すべき課題の見極め

　企業にデータ分析を導入するうえで大事なことは、解決すべき**課題の見極め**です。データ分析はあくまで How の部分に相当します。初学者が陥りがちなのは、データを分析したいがために、課題の見極めを軽視することです。たとえば、Kaggle などのコンペティションで性能のよいモデルが広く知れ渡ると、そのモデルを使うことが目的化して、手法ありきの解決策が提案されます。これでは目的と手段が入れ替わってしまっています。

　ビジネスにおいて効果を発揮する課題設定ができないと、組織の存在意義を問われかねません。

　データ活用の初期段階においては、データの分析以前に可視化まで至らないケースも多いです。まずはデータを活用しながら業務を改善するべく、業務フローを構築しましょう。

関心のありそうなメンバーを集める

　データ分析を推進するうえで、1 人では限界があるので**協力者**を集めましょう。前述の他部署で見つけた社内人材でもよいですし、意思決定層への理解も必要です。

　最近のトレンドからデータ分析に興味を持っている人は少なくありません。関心のある人を集めるために勉強会を開催してもよいでしょう。他の部署に声をかけて、分析事例を共有してみると意外な発見があるかもしれません。勉強会の事例や社内共有による発見を整理して社内で組織を作る提案をしたり、人事部に相談をしてもよいでしょう。外部への発注や人材採用を行う前に、まずは身近な人材に目を向けるべきです。

>>> Next Action <<<

　企業内にデータ分析組織を起ち上げるときのポイントを解説しました。まずは自社のデータが活用できる状況かを確認しましょう。そして解決すべき問題を見極め、興味関心のありそうなメンバーにあたりをつけ、データ分析をプロジェクト化していく準備を整えてください。

図 4.3　組織作りの初期のステップ

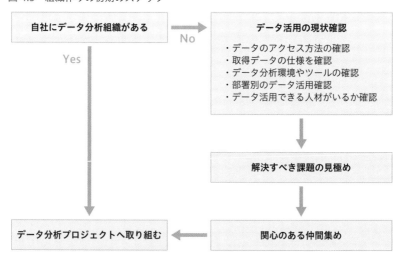

4-3 社内案件の獲得方法から見積もりまでの流れ

伊藤徹郎

対象読者			キーワード
学生	ジュニア	ミドル	課題を聞き出す、課題の明確化、
☐	☑	☑	解決手法の検討、見積もり

データ分析組織を起ち上げることができたら、次は企業内でデータ分析案件を獲得していきましょう。ここで大事なのは各事業部が抱えている課題です。これを適切にヒアリングし、課題を抽出します。そして明確になった課題に対して解決手法を検討し、実行計画を立て、見積もりを行いましょう。

手法ではなく、課題ありき

　社内案件の獲得において、**課題を聞き出す**ためには信頼関係の構築が重要です。たとえば、ある部署が[*5]データ活用施策を検討している場合、その部署が施策実施に至るまで何に困っているかを先にヒアリングしておきましょう。その部署の抱える課題の文脈を無視して、手法ありきの提案をするのはよい打ち手とは言えません。仮に提案が押し切れたとしても、解決策にかかる費用が成果に見合わず、費用対効果の面で継続的な施策実施にはつながらないでしょう。

　連携して間もない部署の場合、まずはその部署の定例ミーティングなどに顔を出すようにしましょう。普段のやりとりには、かなり多くのヒントが隠されています。そのやりとりを普段からウォッチし、ここぞというタイミングで提案することで、案件獲得の可能性が高くなります。

[*5]　監注：本書では、同じ社内であっても、他の部署を発注者、案件を請け負うことを受注のように表現します。

場合によっては食事会や休憩時にざっくばらんな話をしてみると、思わぬ本音が聞けるかもしれません。

課題の明確化と解決手法の検討

　他部署の課題を聞き出すことができたら、**課題を明確化**して解決手法を検討しましょう。多くの場合、他部署の抱える悩みは漠然としています。当事者が課題を明示できない場合、問題を整理しながらディスカッションすることで課題を浮き彫りにしていきましょう。

　データ活用によって解決できる課題には限界があります。たとえば、EC サイトの売上データを分析している際、いつ、誰がどんな商品を購入したかという事実を明らかにすることができます。しかし、それをなぜ購入したのかについては、いくらデータを分析してもわかりません。それを知るためには、実際に顧客に対してアンケートを行うなど、目的に応じた新たなデータを取得する必要があります。そのため、どのようなデータをどのように活用すれば、その課題が解決できるか具体策を検討しましょう。**解決手法の検討**については「7-4 目的によるデータ分析手法の違い」の解説を参考にしてください。

　ここでよくある事例として、対象となる部署の担当者が日々の業務から経験的に知っている事実を、データを使って定量的に可視化しても、担当者にとっては既知のため、よい反応を得られないことがあります。しかし、これまで暗黙知になっていたものをデータを使って形式知化することは重要な行為です。

　このように当たり前と思われていることをデータで可視化し、客観的な事実と分析者の解釈をフィードバックすることで、次のステップに進めることもあります。そうした内容がすでに KPI などで可視化されている場合、より高度なデータ活用を実施すればよいので、データサイエンティストの腕の見せどころになります。

解決後の見通しと見積もり計画

　当初立てた施策案の結果が、どのようになりそうかをあらかじめ見通

しておきましょう。

　また、その解決までにどの程度の工数や時間がかかるのかの**見積もり**を計画しましょう[6]。簡単な内容であれば、1〜2週間で解決できることもありますが、非常に難しい場合も往々にしてあります。その場合は数ヵ月、または年単位での見積もりを必要とするでしょう。この見積もり策定については非常に難しく、バッファを織り込んで計画してください。

≫≫ Next Action ≪≪

　データ分析組織を起ち上げたら、まずは他部署との信頼関係を構築していきます。ここから解決すべき課題をきちんとヒアリングできる関係性を作ります。ヒアリングした課題を明確化し、解決策を検討し、その実施に関する見通しを計画するフェーズへと進みましょう。

図 4.4　社内決裁をゴールとしたフローチャート

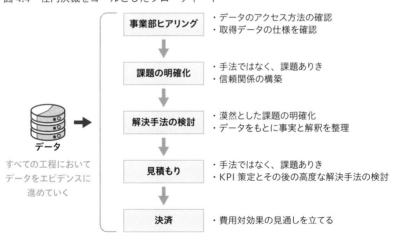

4-4　提案書作成と必要項目

小西哲平

対象読者			キーワード
学生	ジュニア ✓	ミドル	プロジェクトの全体像、プロジェクトのゴール、対象とする課題、課題に対するアプローチ、見積もり、仮説

課題から見積もりまでが明らかになったら、データ分析プロジェクトを始めるために提案書を作成します。提案書は技術的な内容だけではなく、その分析結果によってどのような価値を顧客に提供できるかを明確にすることが重要です。

提案書の必要項目

　社内、社外限らずプロジェクトを開始する前に提案書に盛り込むべき項目を意識しながら顧客と議論を進めヒアリングすることが重要です。そうすることで提案書類への必要項目の抜け漏れは少なくなります。
　一般的に提案書類には次の項目が含まれていることが望ましいです。

　　1.プロジェクト全体像
　　2.プロジェクトの位置づけとゴール
　　3.対象とする課題
　　4.課題に対するアプローチ
　　5.スケジュール、人員、見積もりなど

　今回は、アパレル店へのデータ分析プロジェクトを例に提案書類の作り方をまとめます[*7]。顧客は実店舗と EC サイトを持っており、EC サイト

---

*7　監注：社内ではなく外部でプロジェクトを獲得した事例を取り上げますが、社内への提案書も同様の項目を盛り込むことをお勧めします。

の流入が少なく、アクセス履歴を解析することで、流入増をねらっているとします。

　まずは、顧客の置かれている状況を把握し、**プロジェクトの全体像**をまとめます。実店舗と EC サイトの商品数、売上、客層の違いなどをヒアリングし、顧客の課題感に対するイメージを深掘りします。さらにアパレル市場の動向や競合の取り組みにも調査が必要です。競合が成功、失敗している事例はプロジェクトを進めるうえで参考になるでしょう。

　次に、**プロジェクトの位置づけとゴール**を明確にしましょう。たとえば、3 ヵ月や 6 ヵ月など、短期間のプロジェクトだった場合、この期間で何を実施するか、何の達成が期待されているかを記載します。その際に、プロジェクト全体において想定できる効果を細かく記載することで、プロジェクトの価値を明確に伝えられます。たとえば、現在の EC サイトの売上が 1 億円であった場合、EC サイトの流入が 10% 増えると売上 1,000 万円の増加が期待できます。さらに、EC サイトから実店舗への流入につながる施策を提案すればいっそうの売上増を期待できるなど、今回のプロジェクトで顧客が得られる価値の詳細を伝えたうえで納得してもらうことが重要です。

　次に、**対象とする課題**について記載します。この場合、EC サイトの流入を 10% 増やすというゴールに対する課題を探し出します。具体的には、EC サイトの認知が低い、サイト内のコンテンツがターゲットと合っていない、サイト内での回遊が不十分など、いくつか仮説を立て、課題をMECE[*8]に分解します。その中で実施できそうな施策と見込める成果を記載すれば、顧客は意思決定をしやすくなります。

　次に、**課題に対するアプローチ**を記載します。どのようなデータを用いて、どのような前処理を行い、利用する候補となる分析手法を列挙します。

　最後に、検討事項をスケジュールに落とし込み、必要とされる人員、**見積もり金額**を記載します。

[*8]　漏れ、ダブリがない状態。

▌▌ データ分析ならではのポイント

　データ分析に関する提案書を作成する場合、アプリケーション開発などのシステム開発と異なり、実際に契約を締結して、データを分析し始めなければ、課題やアプローチが定まらないことが多いです。とはいえ、契約前にデータをふれることも少ない中でどうすればいいでしょうか。

　こういった状況ではまず仮説を立て、その仮説に基づいたアプローチを考えうるかぎりパターン化し、提案することで、顧客の意思決定をサポートできます。とりうるパターンを検討するためにも顧客の業界について把握しておき、始めにプロジェクト全体像を理解することが重要です。ここが他のシステム開発プロジェクトとの違いであり、データサイエンティストの腕の見せどころでもあります。

≫≫≫ Next Action ≪≪≪

　提案書作成の必要項目について解説しました。データ分析に関する提案書は、単なる技術に関する内容だけではなく、ビジネス的視点から作成する必要があります。まずは身近な課題を見つけ、提案できることを考えてみましょう。

図 4.5　提案書作成と必要項目

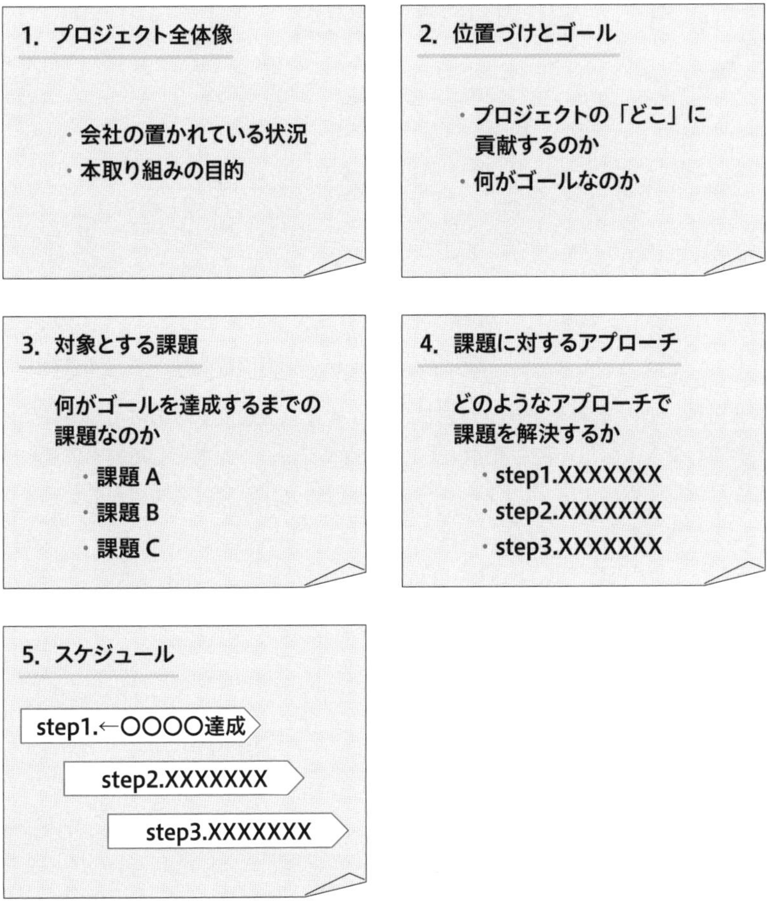

1. プロジェクト全体像

- ・会社の置かれている状況
- ・本取り組みの目的

2. 位置づけとゴール

- ・プロジェクトの「どこ」に貢献するのか
- ・何がゴールなのか

3. 対象とする課題

何がゴールを達成するまでの課題なのか

- ・課題 A
- ・課題 B
- ・課題 C

4. 課題に対するアプローチ

どのようなアプローチで課題を解決するか

- ・step1.XXXXXXX
- ・step2.XXXXXXX
- ・step3.XXXXXXX

5. スケジュール

step1.←○○○○達成

step2.XXXXXXX

step3.XXXXXXX

4-5　組織構造の把握

小西哲平

対象読者		
学生	ジュニア	ミドル
☐	☑	☑

キーワード

発注者の価値、産業構造、
リスク許容度

本章では、社内で AI・データ分析システム案件を受注する際のポイントについて解説してきました。発注者側の課題が明確でメリットがある話であれば受け入れられるはずなのですが、「データ分析の不確実性」が原因で検討が前に進まないことがあります。

誰に話を持っていくか

　発注者がデータ分析を軸に置いたプロジェクトを起ち上げたい気持ちは理解できますが、データ分析はあくまで手段なので、その手段にこだわりすぎて発注者側の目的にマッチしないプロジェクトを起ち上げてもお互いにとって不利益を生みます。

　「この AI・データ分析システムが**発注者の価値**になっているのか」を突き詰めることで、発注元の誰に話せばいいか決まります。それは「課題を抱えて困っている本人」です。その本人は、課題が解決されることで、会社が成長できたり、コストが抑えられたりと、データ分析を活用して課題を解決したいはずです。対象となる課題を突き詰めて、誰がこの課題を解決すれば嬉しいかを考えれば、おのずとディスカッションする相手は見えてきます。

産業構造の理解

　発注者側の課題を突き詰めるうえでは、まず業界の**産業構造**と意思決定プロセスを理解しましょう。販売促進、営業、商品開発など、同じ課題を抱えている人は複数部署にまたがっている可能性もあります。たとえば単に売上を増やしたいといっても販売促進か営業かによって提案できることが変わってきますし、データを持っている部署も変わります。AI・データ分析プロジェクトでは、部署の横断や人の連携が頻発するため、それぞれの立場を理解したうえでプロジェクトに取りかかるべきです。

　提案の際も、どの立場の人であれば一緒に課題を解決できるかを考えることで、チームのベクトルをそろえて力を発揮しやすくなります。たとえば、分析するデータを持っているのは営業かもしれませんが、分析結果をもとに施策を打つのが商品企画の場合は、商品企画と営業の両方に提案し、一緒のチームとして動くことが重要です。

　業界のことはその業界にいる人が最もよくわかっているため、周りに対象となる業界の人がいないか見渡してみて、ヒアリングするのがよいでしょう。

立場の違いによる提案内容の最適化

　データ分析の不確実性をふまえ、それぞれの立場が許容できるリスクを考慮したうえで提案するのが大事です。たとえば、売上を絶対に100万円増やさなければならない部署と、不確実性はあるものの売上1,000万円を実現する施策を講じたい部署があるとします。その場合、提案するアプローチは、確実に成果が出そうなローリスクローリターンな分析とするか、最新技術を用いてリスクはあるが成功すれば大きな売上を生むハイリスクハイリターンな分析とするかで変わります。**リスク許容度**を考慮することによって、発注者側も安心してプロジェクトを進めることができます。

>>> Next Action <<<

　あなたが取り組みたいプロジェクトに対して、どの部署の誰が適切なパートナーなのかを考えましょう。今一度、キーとなる立場の人がどのようなビジネスを行っているかを見直し、産業構造、組織構造、組織のゴールを確認したうえで提案内容をまとめましょう。最後に、「相手のためになった取り組み提案となっているか」をチェックしましょう。

図 4.6　組織構造の把握

このチームと案件を議論中
・産業、企業の中でどのような位置づけなのか
・このチームのミッションは何か
・意思決定者は誰なのか（このチームの人が決定すればよいのか、実は部署 B からも合意を得なければならないのか）
・どのような時間軸で動いているのか

4-6　外注費用とスケジュール

西原成輝

対象読者

学生　　ジュニア　　ミドル

☑　　☑

キーワード

外注費用、スケジュール

1人で完結できるAI・データ分析プロジェクトは多くありません。本節では社外への外注について、個人、ベンチャー、大手システム開発会社の3つの費用感を解説し、スケジュールを設定する際のコツを紹介します。

費用とリスクのトレードオフ

　一般的に**外注費用**は、大手システム開発会社、ベンチャー企業、フリーランス（個人事業主）の順に高く、そのぶんリスクが低くなります。ここで言うリスクとは、エンジニアの技術力の質や人数を担保できるかどうかです。

　大手システム開発会社への外注は、ある程度エンジニアの質や人数が担保されており、正しくマネジメントを行えば、失敗する可能性は少ないでしょう。また、システム開発において瑕疵（欠陥）があった場合の保証について、それを補填するための資金や修正のための人員を用意する余裕もあります。

　一方、個人に外注する場合、本人が病気で倒れたり、別のプロジェクトへの参画を優先されたりすると、その時点でプロジェクトが停止する可能性があります。個人に対して瑕疵担保責任[9]を負わせることも実質不

---

[9]　この場合、瑕疵（欠陥）があるシステムを補修する責任のこと。

可能でしょう[10]。

　ジュニアレベルのデータサイエンティストの費用感としては、個人 60
〜 80 万円、ベンチャー 80 〜 150 万円、大手 80 〜 200 万円が妥当なライ
ンです。執筆時点（2020 年 11 月現在）では、他分野の IT エンジニアに
比べると割高感があります。

　今後は、教育現場でのデータ分析のカリキュラムはより充実し、その
基礎を修めた学生がデータ分析人材市場に供給されてくるので、他のエ
ンジニアと同等の価格帯に収束していく可能性が高いと考えます。

スケジュール設定のポイント

　前提として、AI・データ分析システムの開発スケジュールと、通常の
IT システム開発におけるスケジュールは何ら変わりがないことを認識し
てください。複雑なシステムを作るには、それだけ開発に時間がかかり
ます。

　また、リリース後は定期的にメンテナンスを行いながら運用すること
を視野に入れて、スケジュールを組み立てる必要があります。昨今では
準委任契約でシステム開発を行うケースが大半ですが、その場合は月単
位で外注費用がかかります。

　それをふまえたうえで、スケジュールを立てるコツを 2 点挙げます[11]。

　　1. プロジェクトの初期段階で、ベースラインの精度を算出し、ビジネス上の課
　　　題とすり合わせる

　　2. 外注する前にできるだけ社内のデータを整理しておく

　1 について、AI・データ分析システム開発における時間と精度の関係は、
線形ではなく、山なりを描くことが多いです[12]。つまりビジネス上の課題

---

[10]　契約については「5-3 契約締結時の注意点」を参照してください。

[11]　スケジュール設定の詳細については「6-5 スケジューリング、リソース計画」を参照して
　　　ください。

[12]　精度とコストの関係については「1-3 従来のシステム開発と AI プロジェクトは何が違うの
　　　か」を参照してください。

4

をAI・データ分析で解決可能なのかが、初期段階である程度判断できるということです。早い段階でシステムに期待できる精度（ベースラインとなる精度）がわかれば、ビジネス課題がその精度で解決可能かを見積もることができます。これによってプロジェクトを不要に長引かせずにすみます。

　初期の段階で精度が出ない場合は、そもそもAI・データ分析に頼った手法が課題を解くために適切ではない可能性が高いです。その場合、いくらスケジュールを長くしても、求める水準まで精度が上がらず、最悪の場合いつまでたってもリリースできません。

　2については、社内のデータを整理したうえで外注することで、外注先のエンジニアが迅速にAI・データ分析システムの開発に取りかかれます。開発用のデータが整理されていないと、データの所在確認に時間を費やしてしまい、着手が遅れます。社内に存在するデータや、アクセス方法などはあらかじめまとめておくと、スムーズに開発が進むでしょう。

>>> Next Action <<<

　まずは予算を決めて外注先とスケジュールの見当をつけましょう。そのうえで、達成したい課題は、どの程度の精度を要するのか考えてみましょう。

図 4.7　外注費用とリスクのトレードオフ

表 4.1　外注費用の目安

レベル 外注先	ジュニアレベル	シニアレベル
個人	60 〜 80 万円	80 〜 150 万円
ベンチャー	80 〜 150 万円	150 〜 400 万円
大手	80 〜 200 万円	250 〜 500 万円

図 4.8　外注の際のスケジュール設定のポイント

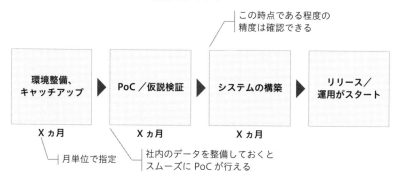

外注先からの見積もり確認とリスクヘッジ

4-7

マスクド・アナライズ

対象読者			キーワード
学生	ジュニア	ミドル	技術的な裏付け、業務範囲
☑	☑	☐	

プロジェクトの初期段階において、外注先からの提案を鵜呑みにしてはいけません。提案内容と見積もりの見極めは、プロジェクトの成否を左右するでしょう。本節では、技術的根拠を考慮した提案内容の判断方法や、業務範囲、リスクヘッジについて解説します。

提案と見積もりの評価

　システム開発では複数のベンダーを比較する相見積もりが一般的ですが、AI・データ分析システム開発でも同様です。AI・データ分析開発はPoCで頓挫するだけでなく、本開発で一定の精度が出せずに失敗する可能性もあります。そのため、外注先からの提案内容に対する**技術的な裏付け**や、見積もりの費用感を精査する必要があります（人月の費用については前節の表を参考にしてください）。

　とくに外注先が提案内容について「できます」の一点張りで詳細を説明できない場合は、技術力に疑いがあります。くれぐれも営業担当の「ウチなら大丈夫です」という根拠のない自信を信用してはいけません。また、導入実績を非開示にしている場合、発注元とのNDA（機密保持契約）が理由なのか、虚偽や誇張が含まれるかを見分ける必要があります。AI・データ分析システム開発では、実績や事例が重要視されるため、実績のない会社が受注するためにごまかしている可能性もあります。懸念がある場

合は、次のような質問で技術力を推し量りましょう。

- 開発業務の流れや行った作業
- 使用した分析手法やツール
- 成果を出すまでの試行錯誤

　これで自社のエンジニアが開発したのか、外注や下請けに依存しているか、既存のツールやクラウドを利用しただけかを判別します。

　正式発注の前に、提案された技術が自社の目的に合っているか、見積もりの金額やスケジュールが妥当かを調べましょう。判断が難しい場合は、第三者への調査依頼も有効です。このような追加の費用負担をいやがる会社もありますが、発注後に失敗した場合の損失を考慮すれば、微々たるものです。

業務範囲の違い

　ベンダーがどこまで作業を行うかの**業務範囲**は、提案や見積もり段階で明確にしておきます。AI・データ分析システムの導入活用には、既存システムとの連携や、人間が行う業務フローの見直しなど、さまざまな付随業務が発生します。AI・データ分析開発は IT 業界における一分野であり、システム開発以外のノウハウを持たないベンダーもめずらしくありません。関係各社の業務範囲を明確にして、必要に応じて業務フローを見直すコンサルタントや、既存システムとの連携部分を開発するベンダーとの協業も検討しましょう。

業務へのリスクヘッジ

　AI・データ分析システムは早めに精度を確認してビジネス課題とすり合わせる必要があることは前節でふれました。それでもコスト面に折り合いがつかない場合やビジネス貢献に期待できない場合があるため、運用に適さないこともあります。

　まずは万が一失敗しても業務への影響が少ない業務から試験的に AI を

導入して、ノウハウを蓄積するのが安全策です。基幹業務や希少な人材の代替といった影響が大きい業務では、従来の体制に戻せる状態を考慮しておきましょう。最初からすべてシステムに置き換えるのではなく、長期的な視点でAI・データ分析システムを育てていく姿勢が重要です。

　AI・データ分析システムには、予測できないエラーがつきものです。失敗の要因を人間が説明して、フォローするなど社内体制も重要です。この点は経営陣などの過度な期待をコントロールすることも必要です。期待値が大きいまま失敗すると、失望感によって今後のIT投資に対して消極的になるおそれもあります[*13]。

>>> Next Action <<<

AI開発はベンダー任せにせず、発注元の判断が重要です。開発の前段階から入念な下調べをしてください。正式に発注するベンダーに対しても、業務を行う範囲とAIが代替えできる作業を明確にしましょう。

図4.9　不透明な技術力と開発実績

依頼主　　　　　　　　元請け　　　　　　　　下請け

顧客窓口　　　　　開発指示

・見積もりの根拠が不明確
・情報伝達のコストが大きい
・技術力や開発者が見えにくい

[*13]　期待値調整については「11-8 経営層との期待値調整」を参照してください。

図 4.10　AI・データ分析システム開発のプロジェクトマネージャーに求められるスキル

4

第4章のチェックリスト

第4章では、AI・データ分析プロジェクトの起ち上げから、案件の獲得、外注の検討までを解説してきました。次のチェックリストを参考にして、内容を振り返ってみましょう。

☐ データドリブンな組織とは何か説明できますか？（→ 4-1 節へ）

☐ 組織のデータ活用を確認する際のポイントについて説明できますか？（→ 4-2 節へ）

☐ 社内案件の獲得のために、始めに行うことを説明できますか？（→ 4-3 節へ）

☐ 提案書に記載する5つの項目について説明できますか？（→ 4-4 節へ）

☐ なぜ立場の違いによって提案内容を最適化すべきか説明できますか？（→ 4-5 節へ）

☐ 外注のスケジュール設定のポイントを2つ説明できますか？（→ 4-6 節へ）

☐ 外注先のAIベンダーの技術力を推し量るための質問例を3つ挙げることができますか？（→ 4-7 節へ）

参考図書

「最強のデータ分析組織 なぜ大阪ガスは成功したのか」河本 薫 著，日経 BP, 2017 年.

「データサイエンティスト養成読本 ビジネス活用編」高橋 威知郎 , 矢部 章一 , 奥村 エルネスト 純 , 樫田 光 , 中山 心太 , 伊藤 徹郎 , 津田 真樹 , 西田 勘一郎 , 大成 弘子 , 加藤 エルテス 聡志 著 , 技術評論社 , 2018 年 .

「新版 問題解決プロフェッショナル―思考と技術」齋藤 嘉則 著 , ダイヤモンド社 , 2010 年 .

第 **5** 章

データのリスクマネジメント
と契約

5-1　データのリスクマネジメント

5-2　データに関わる法律

5-3　契約締結時の注意点

5-1　データのリスクマネジメント

小西哲平

対象読者			キーワード
学生	ジュニア	ミドル	データ受領、データの精査、
☐	☑	☑	データ管理方法

データ分析には、これまでにない価値を見いだせる可能性があるとともに、リスクもあります。データを扱う当事者として、データ流出は最も注意しなければなりません。ときとしてその情報を悪用され、ある個人に対して被害が及ぶ可能性もあります。プロジェクトの進行を優先するあまり、リスクの大きさにかかわらず対処が後回しにされがちな部分です。

┃┃ データ受領の方法

　データ受領の方法については、組織のセキュリティポリシー[1]に準じて、最適な方法を選択します。社外からデータを受け取る場合も考えると、代表的な方法は次のとおりです。

- 自社のクラウドストレージに格納してもらう
- 先方のクラウドストレージへのアクセス権限を付与してもらう
- ハードディスクや USB などに保存して受け取る

　後述しますが、クラウドストレージの場合は権限管理に気をつける必

---

[1]　組織においてセキュリティに関する方針や行動指針をまとめたもの。データ分析をするにあたって、セキュリティポリシーがない場合は作成することが望ましい
「中小企業の情報セキュリティ対策ガイドライン」
https://www.ipa.go.jp/security/keihatsu/sme/guideline/

要があります。一方、ハードディスクや USB は紛失のリスクもあるため、取り扱いには注意が必要です。

データを受け取ったらすぐに中身を確認する

データを受領したら、**データを精査**する必要があります。データの提供者も完璧にデータを把握しているわけではないので、データの前処理を始める段階で各データを集計し、一度データ提供者に確認してください。

たとえば、データ提供者側が匿名化を行った場合、未処理部分が含まれていることもあります（匿名加工情報については次節で解説します）。または処理の途中でデータベース構造が変わり、カラムがずれて非開示情報が含まれることも考えられます。

匿名化されていないデータや非開示情報を含んだままデータ分析の結果が公表された場合、データが流出したことになります。

厳密にはデータ提供者の責任ではありますが、分析者側にその情報が渡った時点で社内／社外問わず情報セキュリティインシデントが発生しています。ただし、分析者の立場としても、このようなデータを保有し続けるリスクは大きいため、もしも発見した場合は直ちに報告しましょう。万が一不正アクセスを受けて流出した場合は、データ提供者、分析者の双方にとって重大なインシデントになるため、データを受領したらすぐに中身を確認し、二次被害、三次被害を防ぐ必要があります。

まずは各データ項目を集計し、各項目の型や文字列数に異常がないかなど、簡単な確認を行い、とくに注意が必要なデータに関しては詳しく精査し、本来扱ってはいけないデータがないか確認してください。

画像データの場合、データ量によりますが、できれば目視での確認をお勧めします。医療画像データ（レントゲンやエコー画像など）に個人情報は含まない契約（契約書については「5-3 契約締結時の注意点」で解説します）の場合、個人情報に該当する部分がトリミングされているかなどを確認します。

データの管理方法

　データの管理方法については、データ提供者側と分析者側の双方で合意を得る必要があります[*2]。取り扱いが難しいデータの場合は、インターネット接続環境に保存できないことや社外に持ち出しできないことも多いです。

　いざデータ分析する段階になってから、データの取り扱いが原因で想定していた分析手法やスケジュールで案件が進まないことがあります。直接対面している担当者がデータ管理者ではないケースも多く、そのような場合は早い段階で管理者にデータの取り扱いについて確認し、どのような環境であれば分析できるのか確認しておきましょう。

　次では**データの管理**について 3 つの注意事項を解説します。

　双方で合意した環境への**データ保存**が大前提です[*3]。自社でデータを管理する場合、1 つのマシンで多くの顧客データを扱うことは避けてください。近年ではクラウドで開発環境を整備できるため、顧客ごとにインスタンス（仮想コンピュータの 1 台）を分けるなど、各顧客のデータが混在するような管理は避けてください。また、このほうがデータにアクセスする分析者も理解しやすいでしょう。

　複数人で作業する場合、分析を始める前に、ログイン情報と作業のログを記録できる環境を整えてください（**アクセス権限の管理**）。あとから情報インシデントが発生した場合、当時の状況を検証できなければなりません。また、データのアクセスに二段階認証を導入することも重要です。また、不必要な権限を付与しないよう注意しましょう。

　詳しくふれませんが、**コンピュータのセキュリティ**については次のような一般的な対策を実施してください。

[*2]　データ提供者が社外の場合は、契約締結前が望ましいです。

[*3]　データ分析受託企業や個人で請け負ったデータ分析案件では、データ提供者の環境に赴くこともあります。その際は事前に分析環境を確認しておきましょう。先方の環境を前にしたとき、インターネットへのアクセスが制限されていることもあります。アクセス制限によりデータ流出の可能性は低いですが、必要なツールをインストールできず分析できない事態も発生します。

- 不必要なポートを閉じる
- 不要なユーザーは削除する
- ウィルス対策ソフトを入れる

外部からのアクセス監視を導入するなど、扱うデータの種類によって対策の強化を検討してください。

≫≫ Next Action ≪≪

データ分析を行ううえで発生しうるリスクについて解説しました。現在扱っているプロジェクト／これから予定するプロジェクトについて、リスクがないかをあらためて考えてみましょう。もし該当するリスクがあるようであれば対応策を検討しましょう。

図 5.1　代表的なチェック項目（あくまで代表的なものなので、社内規則がある場合はそちらの項目を確認しましょう）

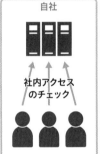

データを受け取る
ときのチェック

外部からの攻撃への
チェック

自社

社内アクセス
のチェック

・想定と異なるデータが
　含まれていないか
　（個人情報など）
・データのカラムは
　問題ないか

・データ管理者を置いて
　いるか
・規則に基づきデータは
　管理されているか
・アクセス権限は適切か

・サーバなどのポートは不必要に
　開いていないか
・アクセス監視は行っているか
・SSH 公開鍵認証などセキュアな
　アクセス方法をとっているか
・VPN の設定を行っているか

5-2　データに関わる法律

小西哲平

対象読者

学生 □　ジュニア ☑　ミドル ☑

キーワード

個人情報保護法、匿名加工情報

データを扱ううえで、個人情報保護法を確認しておく必要があります。データ提供者が個人情報保護法に詳しくない可能性もあるため、基本的な内容について把握しておきましょう。

個人情報を扱う必要があるか

　具体的な個人情報保護法についてはこのあと説明しますが、個人情報を扱うことで法的な制限が発生します。したがって、あなたのデータ分析プロジェクトの中に個人情報が含まれる場合、個人情報を扱わずに目的の分析ができるのであれば、そのほうがリスクを低減できます。

　まずは個人情報について正しく理解し、個人情報を扱わなければならないかを検討したうえで、データ分析に取りかかりましょう。

個人情報保護法

　個人情報保護法は、個人情報保護委員会が提供している「個人情報保護法ハンドブック」にわかりやすく説明されています。

　　個人情報保護法ハンドブック
　　https://www.ppc.go.jp/files/pdf/kojinjouhou_handbook.pdf

　まずはこのハンドブックに目を通して個人情報保護法について理解しましょう。個人情報は関係する「すべての事業者」に適用される法律なので、個人情報が含まれるデータを分析する当事者はもちろん把握しておく必要があります。

　ハンドブックには、個人情報は次のように記載されています。

　個人情報とは、生存する個人に関する情報であって、氏名や生年月日等により特定の個人を識別することができるものをいいます。

　個人情報には、他の情報と容易に照合することができ、それにより特定の個人を識別することができることとなるものも含みます。

　たとえば、「氏名」のみであっても、社会通念上、特定の個人を識別することができるものと考えられますので、個人情報に含まれます。また、「生年月日と氏名の組合せ」、「顔写真」なども個人情報です。

　個人識別符号も個人情報に当たります。

　なお、個人識別符号は、個人情報保護法に次のように定義されています。

　特定の個人の身体の一部の特徴を電子計算機の用に供するために変換した文字、番号、記号その他の符号であって、当該特定の個人を識別することができるもの

　DNAの塩基配列、顔画像から目の間の距離や鼻の長さなどの顔貌の特徴を抽出した特徴量、声帯の振動、指紋または掌紋などの情報だけでなく、マイナンバー、運転免許証番号、旅券番号、基礎年金番号、健康保険証番号なども含まれます。

　これから扱うデータの中に個人情報が含まれているか確認しましょう。

　また、個人情報保護法第15条第1項によると、個人情報を取り扱うにあたって、利用目的をできるかぎり特定しなければならないとされているため、そのデータがどのような目的で取得されたかを考え、分析内容がその目的に限定されているか検討しなければなりません。たとえば、「あるサービスの改善を目的に個人情報を取得、利用する」としている場合、

その目的以外での利用はできません。

　さらに、個人情報が漏洩した場合、法的に処罰を受ける可能性があります。どのような行為に対してどの程度の罰則があるか把握しましょう。

▮▮ 匿名加工情報

　匿名加工情報制度については、個人情報保護法ハンドブックには次のように記載があります。

　匿名加工情報とは、個人情報を本人が特定できないように加工をしたもので、当該個人情報を復元できないようにした情報をいいます。個人情報の取扱いよりも緩やかな規律の下、自由な流通・利活用を促進することを目的に個人情報保護法の改正により新たに導入されました。

　匿名加工情報の作成方法の基準は、個人情報保護委員会規則で定められています。これを最低限の規律とし、民間事業者の自主的なルールの策定が期待されます。

　このような基準に則って匿名加工情報を作成した場合は、当該匿名加工情報に含まれる個人に関する情報の項目を公表する義務があります（個人情報保護法第 36 条）。

　匿名加工を行っている事例を「パーソナルデータの適正な利活用の在り方に関する動向調査（平成 30 年度）報告書＜別添資料＞事例集」に基づき紹介します。

表 5.1　加工方法の具体的手法 [4]

項目	加工方法
Wi-Fi 利用者情報	
MAC アドレス	ハッシュ関数による変換をして、別 ID に置換え
言語	加工なし（ただし、少数となった場合は削除等の対応をする）
位置情報	
MAC アドレス	ハッシュ関数による変換をして、別 ID に置換え（Wi-Fi 利用者情報の MAC アドレスと同じ）
取得時刻	15 分単位に丸める
地点名（アクセスポイント番号を、アクセスポイント位置情報変換テーブルを用いて変換した情報）	加工なし（ただし、少数となった場合は削除等の対応をする）

　この事例では、個人がスマートフォンなどの携帯端末を通じて Wi-Fi を利用する際に取得される位置情報を二次利用するために匿名加工して第三者に提供しています。位置情報はフリー Wi-Fi のアクセスポイントをもとに取得しています。

　この事例のように MAC アドレスはハッシュ化する、取得時刻を 15 分単位にまとめるなど、特定の個人に限定されないような工夫を行います。

自身のケースに当てはめる

　すべてのケースでデータの特性は異なるため、その都度「これで匿名化できているか」を考える必要があります。たとえば、Wi-Fi のアクセスポイントを利用して位置情報を扱う分析の場合、毎日必ず同じ時間に来店する客が 1 人だけであれば、MAC アドレスなどを削除しても来店時間

---

[4]　「パーソナルデータの適正な利活用の在り方に関する動向調査（平成 30 年度）報告書＜別添資料＞事例集」P17 を引用。
https://www.ppc.go.jp/files/pdf/jireisyu_201903.pdf

からその個人が特定できてしまうかもしれません。これによって取得時間の区切り方が変わってきます。このように、その都度関係者で話し合い、どの程度であれば匿名加工できているかを判断する必要があります。

>>> **Next Action** <<<

　現在扱っているデータ分析プロジェクトの中に個人情報が含まれるか、個人情報を扱わなければ目的が達成できないかを確認しましょう。個人情報を扱う場合は、法律に照らし合わせて、適切に対応しましょう。もし自身で解決が難しければ専門家に相談しましょう。

5-3 契約締結時の注意点

小西哲平

対象読者			キーワード

学生	ジュニア	ミドル	請負契約、委任契約、契約不適合責任、成果物
☐	☑	☑	

契約書は相手との取り決めを明文化する書類であり、問題が発生した場合は契約書の記載に則ってさまざまな決定が下されます。発生しうるリスクを考慮しつつ、契約書の内容を取り決める必要があります。とくに 2020 年 4 月 1 日から改正民法が施行されており、注意が必要です。

契約の種類

　AI 開発の案件に関係する契約には、おもに請負契約と委任契約があります。
　民法の定めによると請負は次のように定義されています。

　請負は、当事者の一方がある仕事を完成することを約し、相手方がその仕事の結果に対してその報酬を支払うことを約することによって、その効力を生ずる。（民法 債権 第 632 条【請負】）

　委任は次のように定義されています。

　委任は、当事者の一方が法律行為をすることを相手方に委託し、相手方がこれを承諾することによって、その効力を生ずる。（民法 債権 第 643 条【委任】）

準委任については次です。

この節の規定は、法律行為でない事務の委託について準用する。（民法債権 第656条【準委任】）

　つまり、請負契約は仕事の結果に対して報酬を支払い、準委任契約は法律行為ではないもので、承諾した行為を行うことに対して報酬を支払うことを指します。たとえば、AIプログラムを作成する場合も、請負契約であれば双方で定めたプログラムの完成に対して報酬が支払われますが、準委任であれば、双方でプログラム作成にかけた時間に対して対価を支払うことで合意していれば、そのような契約が可能です。

　2020年4月1日から改正民法が施行されており、これまでは仕事の完成をもって報酬が支払われていたため、完成しないかぎり報酬は支払われませんでしたが、改正後は、一部でも成果物によって利益を得られた場合、支払う必要があります。また、従来の瑕疵担保責任が廃止され、契約不適合責任が追加されました。瑕疵の場合は、納品時には気づかなかったキズなどに適用されていましたが、**契約適合責任**では、契約時に定めた要件を満たしているかがポイントです。

　瑕疵担保責任については引き渡してから1年以内という条件がありましたが、契約不適合責任については、注文者が契約不適合を見つけた時点から1年以内（上限5年）というルールに変わっています。

AI開発の場合に気をつけるべきこと

　得られるデータによって要求された性能を達成できるかが変わるなど、不確実性が高いのがAI開発です。請負で契約する場合は何をもって**成果物**とするか必ず検討しましょう。たとえば、異常検知の場合、「90％の精度で異常を検知するAIを構築すること」を成果物とした場合、その精度が満たされていないと契約不適合となる可能性があります。先方とは成果物の定義について、しっかりと話し合ったほうがよいでしょう。

一方、準委任で仮に稼働時間を対価とした場合には、どれくらいの時間を必要とするかの見積もりを精査しなければなりません。前処理に時間がかかってしまい、スケジュールが後ろ倒しになることもありうるため、かけられる時間と達成できる成果については慎重に検討する必要があります。請負とは異なり契約不適合責任はありませんが、あまりにも当初予定と異なると先方の信頼を失ってしまい、次のプロジェクトにつながらないでしょう。

契約書雛形を入手しよう

契約の枠組みが決まったあとは、契約書雛形を入手しましょう。たとえば中小機構のように契約書雛形を公開[5]している機関もあるため、そのような雛形を参考に、自社のケースに当てはまるように修正していきます。始めは不慣れで時間がかかりますが、一度は必ずやってみることをお勧めします。最終的に専門家に任せるにしても、自分自身が責任者として業務を遂行するわけですから、契約内容は必ず把握する必要があります。

専門家に相談しよう

契約書に関しては、費用がかかっても専門家（弁護士や行政書士）に相談することをお勧めします。契約について慣れていれば必ずしも相談しなくてもかまいませんが、初回契約などは専門家に契約書面をチェックしてもらったほうが、リスクを事前に把握したうえで契約を締結できるため安心です。

個人事業主やスタートアップ向けの法律事務所では、スポットでの契約書チェックサービスもあるため、リスクを感じる場合は活用したほうがよいでしょう。

---

[5] J-Net21「各種書式ダウンロード」
https://j-net21.smrj.go.jp/startup/download/index.html

その他注意点

そのほかに契約書作成にあたって注意したほうがよい点を挙げます。

- 秘密保持の範囲

  プロジェクトの目的に対して広すぎる、もしくは狭すぎる範囲になっていないか、保証期間が長すぎないか、短すぎないかを確認しましょう。たとえば、ある Web サイトのデータ分析に対する分析をする場合には、秘密保持の範囲はその Web サイトの分析に限定し、ほかのプロジェクトは範囲に含めないことが適切です。

- 損害賠償の扱い

  損害賠償請求される条件は、双方で納得感のあるものか

- 反社会的勢力排除条項

  近年では反社会的勢力排除条項が求められることが当たり前になっているので確認するようにしましょう。とくに新規契約の場合は注意しましょう。

>>> Next Action <<<

　契約締結時に気をつける点について解説しました。もし1人で解決が難しい場合は、社内であれば法務担当の部署、外部であれば弁護士に相談することになります。相談するとなったときにスムーズに物事を運べるように誰に相談すべきかチェックしましょう。

5

第5章のチェックリスト

第5章では、データ入手時の注意点から個人情報保護法、契約について解説してきました。次のチェックリストを参考にして、内容を振り返ってみましょう。

☐ なぜデータを受け取ったらすぐに中身を確認することが大事なのか説明できますか？（→ 5-1 節へ）

☐ 個人情報を含むデータを取り扱う場合、より安全なアプローチを説明できますか？（→ 5-2 節へ）

☐ 請負契約と委任契約の違いについて説明できますか？（→ 5-3 節へ）

参考図書

「イラスト図解式 この一冊で全部わかるセキュリティの基本」みやもと くにお, 大久保 隆夫 著, SB クリエイティブ, 2017 年.

「データ戦略と法律 攻めのビジネス Q&A」中崎 隆, 安藤 広人, 板倉 陽一郎, 永井 徳人, 吉峯 耕平 編集, 日経 BP, 2018 年.

第 **3** 部

プロジェクトの実行

プロジェクトが動き出したら、次は実行フェーズに入ります。第 3 部ではプロジェクトの全体設計から要件定義、データと分析手法の検討、分析結果の評価やレポーティング、分析基盤構築やサービス化などのテーマについてふれます。プロジェクトの状況や個人の役割によって知るべきことは変わりますので、興味のある章から参照してください。

第 6 章　AI・データ分析プロジェクトの起ち上げと管理
第 7 章　データの種類と分析手法の検討
第 8 章　分析結果の評価と改善
第 9 章　レポーティングと BI
第 10 章　データ分析基盤の構築と運用

第 **6** 章

AI・データ分析プロジェクトの
起ち上げと管理

6-1　AI・データ分析プロジェクト設計の注意点

6-2　課題抽出

6-3　類似事例の調査と比較

6-4　KPI の設計と評価

6-5　スケジューリング、リソース計画

6-6　進捗管理

AI・データ分析プロジェクト設計の注意点

6-1

小西哲平

対象読者

学生　ジュニア　ミドル
　□　　✓　　✓

キーワード

目標値、期待値、ボトルネック

本章では、プロジェクト設計において不確実性を抑える方法を解説していきます。不確実性はゼロにはならず、当初は予測しなかったことも起こりえます。このような不確実性にどのように対応するかがプロジェクト成功の鍵です。本節ではデータを入手する前に考えられる不確実性について解説します。

プロジェクト設計に潜む不確実性

　AI・データ分析プロジェクトは、開発が始まるまで実データにふれられないことがあります。契約締結後にデータを受領してから、当初は想定していなかった次のような不確実性に直面することがあります。

　本節ではこれらを詳しく解説していきます。

　1.目標値を定義しにくい
　2.依頼主がデータ分析、AIに過度な期待をしている
　3.メンバー構成を決めにくい

目標値を定義しにくい

　ビジネス要件に照らし合わせて、最初から適切な**目標値**を決定できることはほとんどありません。たとえば、推薦アルゴリズムを作る場合、「とにかく精度が高いモデルを作りたい」という要件になりがちで、何%の

精度であれば十分なのかを開始時点で決めることは難しいです。しかし、目標値をわきに置いて始めてしまうと、進めるにつれて目標値が上がって「すでに予定していたリソースは使い切ってゴールが見えない」という結末に陥ります。

　また、依頼主側も目標値を決めておかないと、完成した AI を運用した際に求めていた効果が得られないことも考えられます。

　目標値を決めなければ依頼主、開発者の双方とも不幸になり、結局「AIは使えない」という悲しい結論に至ります[*1]。

依頼主がデータ分析、AI に過度な期待をしている

　近年メディアではデータ分析や AI が過大評価されて、「何でもできる」と誤解する人も少なくありません。メディアには目立つ成果しか取り上げられないため、もしかしたら何かしらの制約下でのみ結果が出るような AI の可能性もあります。

　都合の悪い面は把握できずに、AI・データ分析への**期待値**[*2] が上がっている状態です。過度な期待だけが悪いのではなく、実際に AI・データ分析開発を行う側が適切にできること／できないことを説明する責任があります。

　プロジェクトが始まる前に依頼主の要望、期待を把握し、実現性について丁寧に説明しましょう。

メンバー構成を決めにくい

　分析前にはデータが確認できないことや、分析してみないとどのような結果になるか予想しにくいことが原因で次のような工程で**ボトルネック**が発生します。

---

*1　プロジェクト定義の際に、どのようにゴールや課題を設定すれば成功確率を上げられるかを次節で説明します。

*2　期待値調整については「11-8 経営層との期待値調整」を参照してください。

- 前処理に手間がかかる
- 分析手法のブラッシュアップに時間がかかる
- 分析後のデータの解釈や施策提言に時間がかかる

　そのため、誰をどの程度割り当てるのかは難しい問題です。このような不確実性を前提とすると、データ分析プロジェクトに関わるメンバーには幅広いスキルが必要です。たとえば、データを見て前処理に多くの工数が必要とわかったら、AI モデルの構築担当者であっても前処理を担当することがあります。

　このような状況に対応するために、ジュニアレベルの方は、日々の業務を行う中で自分が得意な領域以外にも挑戦してみるとよいでしょう。また、シニアレベルの方はチーム編成をする際に、メンバーがいろいろな経験ができる体制を作ると対応力が増します。

>>> Next Action <<<

**　AI・データ分析プロジェクトを始める前段での不確実性について解説しました。プロジェクト開始時には、目標値の設定、依頼主の期待値、ボトルネックとなる工程がどこにありそうかを事前に確認して進めてください。**

図 6.1　通常の IT 開発と異なる AI・データ分析プロジェクト

［目標値の設定］

何がゴールでどこまでの
精度が必要か

目標値

・ゴールは達成しているのでこれ以上の
　精度向上は必要ない

・ゴールを定めないとどこまで取り組むかを
　決められない

［分析の対象が見えない］

Data

?

・どんな手法がマッチするかわからない

・前処理ボリュームが見えない

6-2　課題抽出

小西哲平

対象読者			キーワード
学生	ジュニア	ミドル	ゴールの再確認、現状の把握、現場のヒ
☐	☑	☑	アリング、過去の事例調査、データの確認

本節で解説する課題抽出プロセスは、AI・データ分析プロジェクトの最初のステップであり、最も重要と言えます。登るべき山を正しく設定し、その道中に起こりうる課題を具体的に想像することが求められます。顧客とゴールについて目線を合わせ、課題を明確にし、どのようなデータを使って分析するか、その分析結果をどのようなシーンで活用するかをまとめるだけでもプロジェクトの成功確率は向上します。

ゴールの再確認

　課題を抽出／整理する前に、まずはゴールの再確認をします。たとえば、小売店の EC サイトを改善するプロジェクトの場合は、次の 3 つのどれをゴールと設定するかで、確認すべき課題が変わってきます。

- アクセス数を増やして、購入の可能性のある顧客を増やしたい
- アクセスした人のうち、購入する人の割合を増やしたい
- EC サイトから実店舗に誘導したい

　最初にゴールを確認して終わりではなく、プロジェクト進行中に何度も確認すべきです。プロジェクトが始まると各プロセスの進行に集中してしまい、顧客との認識がずれ始めて、ゴールに直結しない分析をすることもありえます。最初だけでなく、マイルストーンを設定し、ゴール

の再確認を行いましょう。

▮▮ 課題抽出のプロセス

　ゴールが確認できたところで、解決すべき課題を抽出していきます。ECサイトの「とにかくアクセス数を増やしたい」というゴールだけでは、どの程度増やせばいいのか、どういう顧客を増やせばいいのかが不明で、分析の切り口が曖昧になってしまいます。プロジェクト起ち上げのタイミングで次のプロセスを行い、課題を具体化します。

　　1.現状の把握
　　2.現場ヒアリング
　　3.過去の事例調査
　　4.データの確認

▮▮ 現状の把握

　たとえば、現状のアクセス数を集計したところ、アクセスしているユーザーは新規顧客が8割であり、リピート率の低さがわかったとします。すると、課題は「既存顧客のリピート率向上」と設定できます。さらに、なぜリピート率が向上していないのか、という観点でヒアリングをすると、既存顧客向けに配信する割引クーポンを使っている顧客と使っていない顧客がいることがわかったとします。ここから「割引クーポンの利用率向上」が具体的な課題と設定できます。

　これは簡単な例ですが、プロジェクト開始の段階でヒアリングを繰り返すことで課題が具体化されていきます。必要であれば基礎集計を行って、定量的な確認も行いましょう。

▮▮ 現場のヒアリング

　課題抽出をするうえで、現場へのヒアリングは欠かせません。分析対象のデータをどのように収集するか把握して、新たなデータを集める提

案ができたり、データ収集時の不具合に気づくことがあります。たとえば、小売店での購買履歴データを分析する場合、実店舗に足を運び、どのような客層が利用しているか、ポイントカードの利用状況などを確認します。データ上では来店者の9割を女性が占めていても、レジを見るとデータより少なかったとします。これはポイントカードを夫婦で共有し、会計時に男性が利用していることが原因だと推察されます。このようなデータを分析する際は、これを織り込んで分析する必要があります。また、分析結果から施策を提案する際も現場オペレーションを確認しておく必要があります。たとえば、小売の購買履歴を分析した結果、レジで紙のクーポンを配ることで再来店を促す策を現場に提案すると、「レジではそんな時間はない」と反対されることも考えられます。事前にどのような業務が行われているかを確認すれば、現実的な提案ができます。

過去の事例調査

過去に実施された施策も課題抽出の参考になります。過去に実施された施策から、成功したもの、失敗したものの原因を調査し、すでにわかっている課題を明らかにします。

注意しなければならないのは、「過去事例で失敗したから今回もやめよう」と簡単に判断することです。過去事例と前提が異なる場合は、同じ課題が当てはまらない場合もあり、前提条件も含めて確認しながら、参考になるかを見極める必要があります。次節で詳しく解説します。

データの確認

分析対象のデータについて、次のポイントをプロジェクト開始の段階で確認しましょう。

1. 必要なデータがそろっているか
2. データの量
   - データ数
   - カテゴリ数

　　　　－期間
　　3.データの質
　　　　－収集方法
　　　　－欠損値の程度
　　　　－外れ値の程度

　まずデータが印刷物でデジタル化できていないこともありえるので、データがきちんとそろっているかを確認しましょう。ほかにも衣服の購入データのように季節性を考慮する必要がある場合、前年以前のデータがそろっていないと比較すらできません。

　データの質については、どのように集められたデータか確認して、正しく分析できるか判断します。たとえば、2019 年と 2020 年にとった工場のセンサーデータで、測定した機器が違う場合、欠損値や外れ値の記録が異なる可能性もあります。

　このような課題が発生する可能性があるため、プロジェクト開始時点でデータを確認しましょう[*3]。

>>> Next Action <<<

　課題抽出と現場ヒアリングという、今担当しているプロジェクトをより具体的にイメージするステップについて解説しました。まとめた課題やヒアリングした内容を自分の言葉で説明できるようになり、ゴールまでの道筋を想像できるようになるまでこのステップを繰り返しましょう。

[*3]　データの種類やデータ量による分析環境の違いなどの詳細は「第 7 章 データの種類と分析手法の検討」を参照してください。

図 6.2　課題抽出のポイント

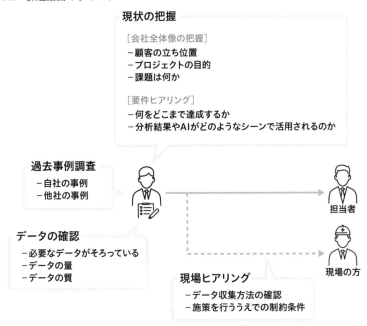

現状の把握

［会社全体像の把握］
- 顧客の立ち位置
- プロジェクトの目的
- 課題は何か

［要件ヒアリング］
- 何をどこまで達成するか
- 分析結果やAIがどのようなシーンで活用されるのか

過去事例調査
- 自社の事例
- 他社の事例

データの確認
- 必要なデータがそろっている
- データの量
- データの質

担当者

現場の方

現場ヒアリング
- データ収集方法の確認
- 施策を行ううえでの制約条件

6-3　類似事例の調査と比較

小西哲平

小西哲平

対象読者			キーワード
学生	ジュニア	ミドル	ドキュメント、成果の見込み、
☐	✔	✔	分析アプローチ

課題を抽出する中で、類似事例の調査が必要になると前節で解説しました。類似事例は近いところであれば社内から、また競合などの事例も比較的簡単に入手できます。事例の成功、失敗を参考にしながら自社の現状や課題との違いを明確にして、独自のアプローチを決定しましょう。

社内の類似調査

　まずは社内で同様のデータ分析プロジェクトを実施した部署があるかを確認しましょう。もし同様の取り組みがあれば、その部署に問い合わせ、ヒアリングするのが手短な方法です。また、会社全体の方針として、過去の事例を公開可能な範囲で**ドキュメント**にまとめておくことで、問い合わせへの対応がスムーズになります[4]。

　次のようなことを記録しておくと、類似プロジェクトを受け持った際に同じ失敗を繰り返さず、よい筋道を最初から選択できます。

- 目的と課題
- データの種類、量
- 課題に対する解析方法、コード
- アプローチするうえでどういう点が大変だったのか、どのような工夫を行っ

---

[4]　ノウハウ蓄積の具体的な方法については「11-1 ノウハウの社内共有」を参照してください。

たのか

• メンバー構成

こうした事例の蓄積は会社の強みになります。

社外の類似調査

　社内に類似事例がない場合でも、同じような課題に取り組む人は世界を探せばどこかにいるものです。筆者が社外で類似事例を調査する際には次を参考にします。

• 専門雑誌（マーケティング、ライフサイエンスなどターゲットとする業界紙）の調査
• 論文調査

　専門雑誌には分析アプローチやビジネス上の成果などが記載されており、実務面で参考になります。たとえば、購買情報をもとに顧客のクラスタリングを行い、商品をレコメンドするという事例で、設定されたクラスタ数や、どのようなレコメンドの出し分けを行ったかなどが確認できたとします。さらに「その結果X%コンバージョンが向上した」など、具体的な成果が記載されていることもあります。類似事例による**成果の見込み**を見積もっておけば、プロジェクトの貢献度も把握できるため、クライアントとのコミュニケーションも具体化でき、そのアプローチを選択する理由も説明しやすくなります。

　論文の場合は、具体的な**分析アプローチ**の調査に役立ちます。キーワードから課題や手法を検索し、定番から最新の分析手法まで一通り把握したうえで、今回の課題にフィットしたものを選択します[5]。これにより分析手法の検討が明確になり、仮にAの手法でうまくいかなかった場合にBの手法を採用するなど、選択肢が増えるためプロジェクトの成功確率を高めることができるでしょう。

　プロジェクトが始まってから関連事例を調査していては時間がかかる

---

[5]　先行研究調査については「11-3 論文執筆・学会発表」を参照してください。

ため、日頃から業界動向や技術トレンドを調査しておく必要がありま
す[6]。

プロジェクトとの比較と検証

　既存事例を調査したあとに、進行中のプロジェクトと何が違うかを明
確にしてください。

　公開されている情報は表面的なものが多いため、厳密な比較は難しい
ですが、確認できる範囲で比較しておくことは価値があります。

　同じような事例の成功を確認したので、今回のプロジェクトにも適用
できると決めつけるのは危険です。前提条件やデータセットがすべて同
じとは限らないため、鵜呑みにしてはいけません。まず既存プロジェク
トとの違いを把握しましょう。たとえば、データ量、種類の違い、求め
られている精度などを比較しましょう。次に、既存事例に沿って分析を
進めながら、うまくいった部分、いかなかった部分を精査しましょう。
うまくいかなかった部分については、別の事例を調査して、現プロジェ
クトに適した方法がないかを検証しましょう。

>>> Next Action <<<

　社内外の類似事例を参考に、現プロジェクトに取り入れるアプロー
チがないか調査してみましょう。そのうえで、オリジナリティが出
せる部分がないか考えてみましょう。

---

[6]　情報収集の方法については、「3-4 情報収集の方法」を参照してください。自分 1 人で情
報を集めるのは限界があるため、社内外の勉強会に参加することもお勧めです。

図 6.3　類似事例調査の流れ

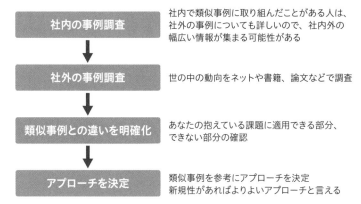

社内の事例調査 — 社内で類似事例に取り組んだことがある人は、社外の事例についても詳しいので、社内外の幅広い情報が集まる可能性がある

社外の事例調査 — 世の中の動向をネットや書籍、論文などで調査

類似事例との違いを明確化 — あなたの抱えている課題に適用できる部分、できない部分の確認

アプローチを決定 — 類似事例を参考にアプローチを決定 新規性があればよりよいアプローチと言える

図 6.4　社内・社外事例の比較ポイント

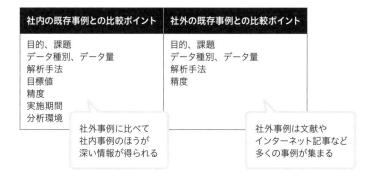

社内の既存事例との比較ポイント	社外の既存事例との比較ポイント
目的、課題 データ種別、データ量 解析手法 目標値 精度 実施期間 分析環境	目的、課題 データ種別、データ量 解析手法 精度

社外事例に比べて社内事例のほうが深い情報が得られる

社外事例は文献やインターネット記事など多くの事例が集まる

KPI の設計と評価

小西哲平

何をゴールとし、成果をどのように評価するのかを、プロジェクト開始前に決めておくことが重要です。プロジェクトが正しい方向に向かっているかを確認するためのポイントを解説します。

KPI 設計における 2 つの視点

　「6-2 課題抽出」のプロセスで決定したゴールや課題を、どの程度達成できたかを定量的に示す指標として、KPI を決めます。おもにビジネス的視点と技術的視点での KPI があり、プロジェクトにおいて KPI が 1 つとは限りません。

　KPI を決めるにあたっては、先にビジネス的視点から整理します。ビジネス的視点を明確にすることで、そもそも達成できる課題なのかどうか、達成するためには技術的にどの程度の目標値が求められるのかが明らかになります。

　　1. ビジネス的視点での KPI
　　2. 技術的視点での KPI

　ビジネス的視点での KPI は、決めたゴールと課題をより細かい要素に分割します。たとえば EC サイトの売上を増やすというゴールのときに、売上は単純にすると「平均購買単価×購買人数」で定義されます。来訪

者数の何割かが購買人数ですから、さらに分割できます。このように各課題を分割して、ゴールに対して何が重要な要素なのかを把握します。そのうえで、今回の AI・データ分析のモデル作成で各要素のパラメータをどの程度改善すればゴールを達成できるか計算します。このような**定量化**により分析手法や実施できる施策も変わりますし、プロジェクトが達成可能かどうかもこのタイミングで把握できます。

仮にゴールが売上 5％アップだとして、それを達成するためには来訪者数の増加分が 30％必要とします。この時点でどの施策でも来訪者数が 10％しか増やせないと想定される場合、ゴールを達成できないことがわかります。つまり、案件がスタートしたタイミングで失敗することが判明します。KPI を決めることで解決できるかが明らかになるので、早めに確認しておきましょう。

次に**技術的な KPI** ですが、これはビジネス的視点での KPI 要件が定まれば決まる可能性が高いです。たとえば、来訪率を 10％アップしたい（ビジネス的 KPI）ときに、どの程度のレコメンド精度（技術的 KPI）を出せば達成できるかで目標値を決めます。

もう 1 つ例を挙げると、工場の機械に組み込まれる AI で不良品を判定したいときは、不良品の判定精度だけでなく、データ入力から出力までの処理時間も KPI になる可能性があります。ライン上を流れる部品を検査する場合、瞬時に不良品を判定する必要があります。複雑なロジックで時間がかかっては、ラインを流れている間に不良品を判定できません。したがって処理速度も KPI に取り入れて、それを満たす処理ロジックを構築する必要があります。

KPI 計測のための環境設計

KPI の項目が決まったら、この KPI を計測できる環境を設計していきます。簡単な例を挙げると、EC サイトの新規顧客のアクセス数が KPI の場合、ユーザー ID、アクセス日時、アクセスしたサイトなどのデータを取得する必要があります。

KPI によってはデジタルなログデータだけでなく、アナログなデータ

を集める必要があります。たとえば新商品の認知度 30％向上という KPI があり、認知度向上のために小売店舗で新商品に関する店頭広告を掲載するという施策を実施した場合、どの程度の人がその広告を認知したかを計測する必要があります。そこで、店頭で商品認知に関するアンケートをとって計測します。

KPI の評価設計と見直し

KPI を計測する準備が整ったあとは、**KPI を評価**します[*7]。ビジネス的視点の KPI の場合、広告出稿やキャンペーンなど何かしらの施策を行ったあと、定期的に KPI を満たしているかを確認してください。また、あらかじめ KPI が達成できなかった場合の具体的なアクションを決めます。すべての KPI を 1 回の施策で満たすことは少ないため、満たせなかった場合のアクションを事前に決めておくことで、短期間でさまざまな施策を検証できます。

プロジェクトが進むうちに、当初の想定とは異なる課題が出てきて、新しい KPI が発生することがあります。また、KPI を達成できなかった場合は、別のアプローチからゴールを達成する必要が出てくるため、KPI が変化する可能性があります。したがって、最初に取り決めた KPI にこだわりすぎず、プロジェクトの最中でも流動的に KPI を見直し、ゴール達成に向けて進めましょう（KPI を達成できない場合、KPI の目標値を下げて達成したように解釈するようなことは避けましょう）。

また、依頼主とは定期的な打ち合わせを行い、KPI の認識に齟齬がないか確認してください。

[*7]　技術的視点での KPI については「8-1 効果測定の重要性」で詳しく解説しています。

>>> Next Action <<<

本節では KPI 設計について解説しました。KPI 設計の 2 つの視点を押さえてプロジェクトの道標を正しく設定し、プロジェクトの途中で道に迷わないようにしましょう。

図 6.5　ゴールや課題を細分化

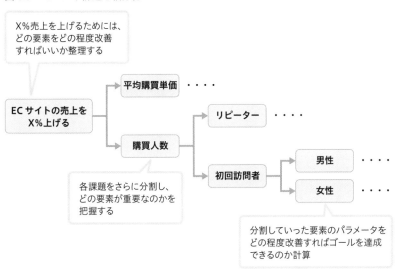

X％売上を上げるためには、どの要素をどの程度改善すればいいか整理する

EC サイトの売上を X％上げる

平均購買単価　・・・・

購買人数

各課題をさらに分割し、どの要素が重要なのかを把握する

リピーター　・・・・

初回訪問者

男性　・・・・

女性　・・・・

分割していった要素のパラメータをどの程度改善すればゴールを達成できるのか計算

6-5 スケジューリング、リソース計画

小西哲平

小西哲平

対象読者

学生	ジュニア	ミドル
☐	☐	✓

キーワード

スケジュール、リソース

ヒト、モノ、カネをプロジェクトを進める前に調整しなければ、あとで取り返しのつかない事態となります。前節の達成すべき KPI が決まった段階で、具体的な計画に落とし込みましょう。

スケジュールの具体化

　データを渡せばすぐに結果が出るような思い込みを持つ意思決定者は多く、現実的な**スケジュール**を見積もり、事前に意識合わせを行う必要があります。

　必要なタスクを洗い出し、どの程度の日数がかかるかを見積もります。たとえば、機械学習モデルを構築する場合、次のようにタスクと日数をそれぞれ決めていきます。

- 環境構築 2 日
- 前処理 5 日
- 基本集計 5 日
- 基本集計結果に基づく機械学習モデルの検討 3 日
- 機械学習モデルの構築 5 日
- 評価 5 日
- 見直し、提案検討 2 日
- 報告書作成 4 日

　基本的なデータ量や種別、分布などを確認する基本集計の結果によっては、データ量不足、分布に偏りがありすぎることなどにより当初想定していた手法が使えないこともあるので、モデル検討で日数を確保しておきます。最悪の場合、想定していたすべてのモデルが使えない可能性もあるため、手法の調査を含めた日数を設定します。

　また、評価タスクではゴールや KPI がどの程度達成できているかを確認し、今後の進め方を提案するための期間を設けましょう。ゴールや KPI をすべて達成することは少ないため、改善提案が必要になります。達成できなかった KPI への対応案を用意することで、依頼主の今後の意思決定をサポートできます。

　一方で、このように具体的にスケジュールに落とし込んでも、分析を始めると想定どおりには進みません。前節で解説したような類似事例を参考に、タスクに抜け漏れがないか確認したうえで、余裕を持ったスケジューリングをすることが重要です。

██ リソース計画

　続いて、必要となる**リソース**を検討します。タスクごとに人員や日数を書き出して、プロジェクトに落とし込んでいきます。

　メンバーのスキルを考慮して、チーム構成を決めていきます。チームメンバーが決まったところで、先ほどの日数をメンバーで分担します。基本的には得意領域で分担することをお勧めしますが、たとえばチームメンバーが多く、人員やスケジュールに余力がある場合は、教育的観点から判断することもあります。メンバーに知識の偏りがある場合、あえて得意ではないタスクについて知見があるメンバーと合わせてアサインすることで、中長期的にチームを強化できます。

　作業分担が決まったら、プロジェクト期間に合わせてそれぞれのタスクを当てはめれば、スケジュールは完成します。

見直しポイントの設定

　決定したスケジュールや人員リソースであっても、柔軟に変更できるようにしましょう。AI・データ分析プロジェクトは当初の想定どおりに進まないことが多く、定期的にスケジュールや人員リソースを見直しできるように、定期ミーティングを設定し、依頼主やメンバーに対しても説明と確認を続ける必要があります。

>>> **Next Action** <<<

　スケジュールや人的リソースを具体化するとともに、マイルストーンごとに見直しを実施しましょう。不測の事態が発生したときに備えて余裕を持って設計しましょう。

図 6.6　機械学習モデルを構築する際のリソース計画の例

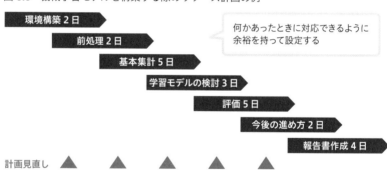

6-6　進捗管理

小西哲平

対象読者

学生　ジュニア　ミドル
□　　□　　☑

キーワード

進捗

進捗管理についても、AI・データ分析プロジェクトには特有の問題が存在します。AI・データ分析プロジェクトの場合は、進捗状況を明確に指標で測れないことがあるため工夫が必要です。

KPI に対する進捗管理

　データ分析における**進捗**とは、事前に定めたタスクを単にこなせばよいわけではなく、設定したゴールや KPI に対してどの程度貢献できたかが重要になります。全体の設計に基づいて開発を進めるシステム開発やアプリケーション開発の場合は、作成した機能のぶんだけ進捗が認められますが、データ分析プロジェクトの場合は機能を作ってもゴールに近づいていなければ進捗していることにはなりません。

　たとえば、あるアルゴリズムを構築するプロジェクトで KPI を精度70%に設定したとします。実際にレコメンドエンジンを作成して、精度が40%しか出なければ、あと30%の改善が求められます。残りの精度をどのように出すかについて、知り得ているデータに基づいて原因を調査し、新たなアプローチを提案する必要があります。レコメンドエンジンが完成したら精度にかかわらず進捗率100%で終わりとはなりません（事前にパートナーとそのような合意をとっている場合は別です）[*8]。

[*8]　アルゴリズムのモデルの評価については、「8-1 効果測定の重要性」を参照してください。

▐▍▖ 進捗がよくないときの対策

　前処理方法の見直しやさまざまなモデルの適用などを講じても、KPI が達成できないこともあります。

　進捗がよくなければ、原因を調査したうえで、依頼主と今後のアクションについて相談する必要があります。AI・データ分析プロジェクトに慣れていない依頼主の場合、たとえばモデル性能がなかなか上がらないと、あたかも何もしていないように見られてしまうこともあり、このような事態に陥ることでトラブルにつながる可能性もあります。

　進捗が出ない要因として、メンバーが問題を抱えていることも考えられます。とくに経験が浅いメンバーの場合、想定したモデルで性能が出なかったことを報告できず、1 人で抱え込むこともあるでしょう。世の中に出ている華々しいデータ分析プロジェクトの成果の裏には多くの失敗があり、一度の試みで成功するのはまれであるということを周知してください。失敗をいち早く相談・報告してアドバイスを求め、解決策を探すようなチーム作りが求められます。

　事前に進捗管理の方法を説明して、進捗が思わしくないときにどのようなアクションをとるかを決めておくことで、メンバーも自身の稼働を織り込んでタスクに取り組むことができます。予告なしに計画を変更すれば、メンバーからも信頼を得られず、余分な負荷を増やして、チームとして機能不全に陥る可能性もあります。

　また、依頼主に対しても正しく状況を説明することで、大きなトラブルを避けることができます。もしかしたら、その失敗の原因をたどると、新しい知見が得られるかもしれません。

>>> Next Action <<<

　進捗管理はすべてのステークホルダーに現状を正しく理解してもらうため重要なタスクです。進捗状況の把握／管理が難しい AI・データ分析プロジェクトは難易度が高いため、ジュニアの方にはハードルが高いかもしれませんが、日々の業務で進捗管理のポイントを意識するようにしましょう。ミドルになったときにスムーズに進捗管理ができるようになります。

図 6.7　進捗管理

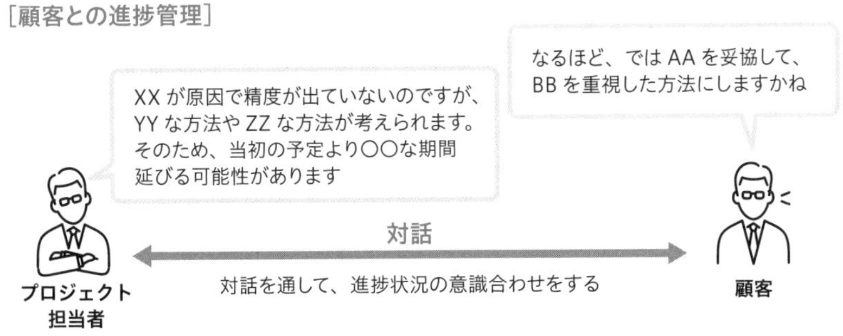

［顧客との進捗管理］

XX が原因で精度が出ていないのですが、YY な方法や ZZ な方法が考えられます。そのため、当初の予定より〇〇な期間延びる可能性があります

なるほど、では AA を妥協して、BB を重視した方法にしますかね

対話

対話を通して、進捗状況の意識合わせをする

プロジェクト
担当者

顧客

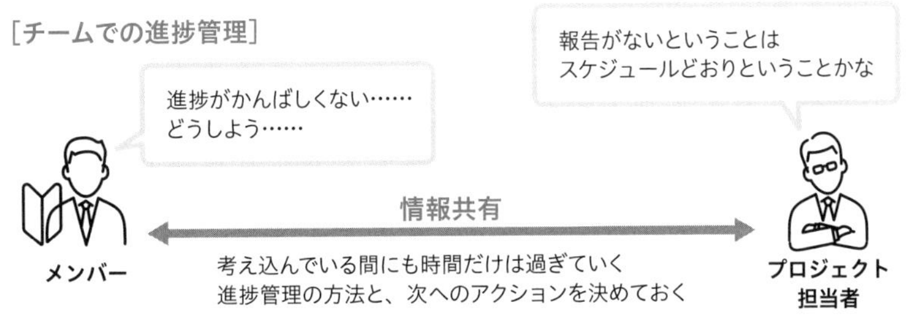

［チームでの進捗管理］

進捗がかんばしくない……
どうしよう……

報告がないということは
スケジュールどおりということかな

情報共有

考え込んでいる間にも時間だけは過ぎていく
進捗管理の方法と、次へのアクションを決めておく

メンバー

プロジェクト
担当者

第 6 章のチェックリスト

第 6 章では、プロジェクトを進めるにあたっての課題抽出、KPI 設計、スケジュール、進捗管理などについて解説してきました。次のチェックリストを参考にして、内容を振り返ってみましょう。

☐ AI・データ分析プロジェクトに潜む 3 つの不確実性とは何か説明できますか？（→ 6-1 節へ）

☐ なぜ現場のヒヤリングが重要か説明できますか？（→ 6-2 節へ）

☐ プロジェクト進行において、外部に類似事例があるからといって、その結果を鵜呑みにしてはいけない理由を説明できますか？（→ 6-3 節へ）

☐ KPI 設計時に検討すべき 2 つの視点は何か説明できますか？（→ 6-4 節へ）

☐ 進捗がよくない場合の対策にどのような方法があるか説明できますか？（→ 6-5 節へ）

参考図書

「イシューからはじめよ――知的生産の「シンプルな本質」」安宅 和人 著 , 英治出版 , 2010 年 .

「最高の結果を出す KPI マネジメント」中尾 隆一郎 著 , フォレスト出版 , 2018 年 .

第 **7** 章

データの種類と分析手法の検討

7-1　業界によるデータの種類とビジネスでの活用方法

7-2　データの実情と前処理の大切さ

7-3　ツール・プログラミング言語の選択

7-4　目的によるデータ分析手法の違い

業界によるデータの種類とビジネスでの活用方法

油井志郎

対象読者			キーワード
学生	ジュニア	ミドル	データのデジタル化、データの種類
✓	✓	☐	

データ活用は、まずデータの特徴を把握することから始まります。データにはさまざまな種類があり、扱い方も変わります。それらの特徴を理解することで、スムーズに AI・データ分析プロジェクトに取り組むことができます。さらに、業界ごとにビジネスが違うように扱うデータも変わります。本節では、データの種類と、おもな業界ごとにデータの特徴とビジネスでの活用事例について解説します。

データのデジタル化とデータの種類

　総務省が発表している資料によると「米国の調査会社 IDC によると、国際的なデジタルデータの量は飛躍的に増大しており、2011年（平成23年）の約 1.8 ゼタバイト[*1]（1.8 兆ギガバイト）から 2020 年（平成 32 年）には約 40 ゼタバイトに達すると予想されている[*2]」との記載を確認できます。

　この資料はデジタルデータを取り上げていますが、ビジネスで使用しているデータには「デジタル化されているデータ」、「デジタル化されていないデータ」の 2 種類があります。アンケート調査や在庫管理など紙媒体に記録されたデジタル化されていないデータを保持し使用している企業も多く存在しています。

[*1]　1 ゼタバイト（ZB）=1,000,000,000,000,000,000,000 バイト

[*2]　総務省「ICT の進化が促すビッグデータの生成・流通・蓄積」
https://www.soumu.go.jp/johotsusintokei/whitepaper/ja/h26/html/nc131110.html

　企業がデータ分析に取り組むには、まずは**データのデジタル化**が必要です。手書きのアンケートをデジタル化するには、人がひとつひとつの項目内容を確認して、Excel などに入力する必要があり、実際にデータを活用できるまでにかなり時間がかかります。データの活用を検討する際は、最初にデータがデジタル化されているかを確認することが必要です[*3]。

　次に、**データの種類**についてです[*4]。前述した Excel などで表形式にまとめたデータをテーブルデータなどと呼びます。最近では、AI というキーワードが広まり、あらゆるデータを活用したいと考える企業が増えています。次に代表的なデータの種類を挙げます。

- テキストデータ（.txt、.csv、.tsv、.html ファイルなど）
- 画像データ（.jpg、.pdf、.png、.gif、.tiff ファイルなど）
- 動画（音声）データ（.mov、.mpeg、.wmv、.mp3、.aac ファイルなど）

　ビジネスの場で使用されるデータは多岐にわたり、これらのデータはほんの一部にすぎません。扱うデータによって、次節で解説するような前処理や分析手法も変わってきます。

業界ごとのデータ種類と特徴、ビジネスでの活用事例

　業界ごとに扱うデータの種類や特徴は異なります。これらを事前に把握することで、データを加工する時間を短縮し、施策の検討や考察にあてる時間を増やすことにつながります。

　おもな業界で扱うデータと事例を表にまとめます。

[*3]　手書きや印刷された文字をスキャナーなどで読み取り、デジタルに変換する技術である OCR（Optical Character Recognition/Reader）を使用する方法もありますが、認識精度と導入コストの検討が必要になります。

[*4]　データの形式の詳細については「10-6 データの種類とデータ基盤設計」を参照してください。

表 7.1　各業界のデータの種類／特徴と活用事例

業界	データの種類や特徴	活用事例
人事業界	勤怠、目標達成（数、率）、職種適性診断データなど	適性診断や目標達成、勤怠データを使用して、本人の働きやすい環境を把握し、生産性の向上施策などを行う
金融業界	株・為替などの時系列データ、銀行の与信データ、保険の加入データなどを扱う。株や為替にフォーカスする場合、時間軸でデータを見る	借入額や返済状況、資産などをもとに信用度のスコアリングを行い、与信限度額や保険料などの判断をする。このほかにも株価、為替の予測、クレジットスコアなど
製造業界	製品の品質を確認するために製造ラインに設置した赤外線センサーデータなど。1 秒単位の連続性データで、縦に長いデータ	センサーデータから取得したログデータをもとに、異常検知を行い、不良品判定や製造効率化などを行う
広告業界	毎秒のインプレッションデータ（広告の表示回数）を扱うため、日常的に数億レコードのデータを扱う。他業界のデータと比較してもとくにデータ量が多く、日単位の集計であっても環境が整っていないと、データ加工に数日かかる可能性がある	クリックやコンバージョンのデータから、ユーザーごとの趣味嗜好を把握し、どのユーザーにどの広告を出すかという出稿先の最適化を行います。このほかにも広告物（クリエイティブ）最適化など
流通業界	商品の受注・出荷・返品・在庫データなど	在庫データから、日付や季節による傾向、商品と購入属性の関係を把握し、在庫の最適化や需要の予測を行う[5]
E コマース業界	購入日、購入商品名、購入金額などが入った縦に長いトランザクションデータと、購入者の属性情報を管理する横に長いデータがある	個人の購買データから、購買傾向ごとにクラスタ作成を行い、最適なキャンペーンや施策を展開する
その他	サイトのアクセスログ、アンケートデータなど	アンケートデータから満足度と満足要因を因子分析や主成分分析を使用して把握し、改善施策を行う

---

[5]　2018 年頃から動画を使用した在庫管理なども行われています。

>>> Next Action <<<

データにはさまざまな種類があり、業界によっても異なるデータ
を扱うことを解説しました。データがデジタル化されているのかを
確認し、ビジネスに応じたデータ利用の目的を再確認しましょう。

図 7.1　デジタルデータ増加量 [*6]

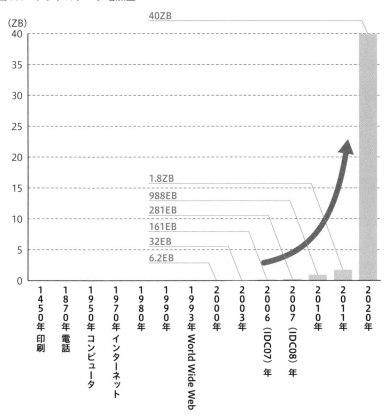

*6　「ICT の進化が促すビッグデータの生成・流通・蓄積」の「図表 3-1-1-1　デジタルデータ
量の増加予測」を参考に筆者が作成。
https://www.soumu.go.jp/johotsusintokei/whitepaper/ja/h26/html/nc131110.html

表 7.2　縦長データの例

ID	DATE	ITEM	PRICE
18733855	19751123	A	500
5742799	19720708	B	1000
12788015	19871030	B	1000
16039415	19761025	A	500
9471023	19790726	B	1000
9278146	1990130	A	500
19421854	1970618	A	500
3872190	19820722	A	1000
19450327	19770809	B	1000
14832905	19941211	B	500
16950032	19880205	B	500
12389786	19960521	A	1000

縦長にデータが続く

16304398	19890228	B	1000
18793875	19751011	A	1000
13124396	19790620	B	500

表 7.3　横長データの例

ID	MALE/FEMALE	BIRTH	ADDRESS_1	ADDRESS_2	PHONE	MAIL
950365	F	19940522	TOKYO	SINJYUKU	000-0000-0000	XXXX@XXX.XX
19637163	F	19990602	TOKYO	SIBUYA	000-0000-0000	XXXX@XXX.XX
801363	M	1997325	FUKUOKA	HAKATA	000-0000-0000	XXXX@XXX.XX

横長にデータが続く

PURCHASES_COUNT	PURCHASES_AMOUNT
3	360
1	140
5	2050

7-2 データの実情と前処理の大切さ

油井志郎

7

データの種類と分析手法の検討

対象読者			キーワード
学生	ジュニア	ミドル	データの不備、データ前処理、
☐	✔	☐	基礎集計

受領したデータにはさまざまな不備が入っていることが多く、データ分析には前処理と呼ばれる工程を必要とします。データの前処理には、地道な作業が求められ、多くの時間がかかりますが、このクオリティがあとのデータ活用や分析結果に大きく影響するため重要な工程です。ここでは、データの不備と前処理について解説します。

データの不備

　分析に使用するデジタルデータのほとんどには不備があり、そのまま集計をしても正しい結果は得られません。ここでは**データの不備**の例と、それにより発生する問題を記載します。

- データの欠損
    - 統計処理（平均値や相関係数の算出など）ができない
    - 大部分にわたって欠損していると、求めたい数値が把握できない（たとえば、購買データの売上が大きく欠損しているとおおよその売上が把握できない）
- データの重複
    - 売上集計の際、1回の決済が二重に計算される
    - データの重複によって、データ量が増大しデータ保持コストが上がる

データに不備があると正しく計算ができないため、不備がないかまず

確認します [*7]。データに不備があった場合、データを分析できる状態に加工するために**前処理**を行います。

■ 代表的なデータの前処理

代表的な**データの前処理**の例を次に挙げます。

- デジタル化

  画像や音声、紙媒体のデータなどをデジタル化することで、分析できる状態にします。例として顔写真を画像データとして取り込み、OpenCV などの画像解析ソフトウェアを使って、数値データに変換するなどがあります。

- テーブルデータのカラムのずれ

  データベースにデータが正しく格納されていないときに起こります。たとえば、2 列めに入るべきデータが 1 列めのデータに入り込むことがあります。このままでは分析できないので、正しく読み込ませることが必要です（図 7.4 参照）。データベースに格納する段階から見直すのが根本的な対応方法ですが、列のずれ方が正確にわかる場合は、スクリプトで加工することで対応できます。

- 列の型

  たとえば、数値が文字列型でデータベースに格納されている場合、数値型へ変換することで、集約処理（合計計算など）ができます。データベースの修正、スクリプトの修正どちらでも対応できますが、スクリプトはその都度対応が必要になるので、基本的にデータベース側で修正することをお勧めします。

- 欠損の補完や削除

  前述したデータの欠損についてです。たとえば、数値型の列内で欠損した場合、0 や列の平均値で補完するのが一般的です。これによって集約処理ができます。また、欠損したデータを削除して分析には使用しない方法もあり、使用するデータ量で判断します。

- 重複の削除

  重複の有無を確認するには、ユニーク件数とレコード件数のカウントを比較します。重複がある場合は、日付が前のデータを基準に重複を削除するのが一般的です。例として、商品購入決済や製造ラインの通過判定などは、基本的に一度しかログが出ないため、同じ日時で複数同じ行があるか確認することで対応できます。

[*7]　データの確認については「5-1 データのリスクマネジメント」を参照してください。

　前処理のあとに基礎集計を行い、データが正しいか検算を行うことが重要です。欠損の補完を行うスクリプトにミスがあることも考えられるため、**基礎集計**をこまめに行うことをお勧めします。集計結果の妥当性が判断できない場合は、ドメイン知識がある方に相談することも必要です。

　前処理を怠ると、途中で分析が進まなくなることも多く、手戻りによる時間のロスを発生させないためにも、前処理にかける時間はゆとりを持って、工数の見積もりを行いましょう。

▌業界ごとのデータの不備

　欠損や重複の発生は業界ごとに特徴が異なります。具体例を表にまとめます。

表 7.4　業界ごとに考えられるデータの不備

業界	データの不備の種類	例
金融業界	欠損や重複は少ない	個人情報の取り扱いが多いため、データの扱いに厳しい業界。そのため他業種と比較すると、データ内の欠損や重複は少ないが、各企業で管理方法は異なるため、欠損や重複の確認は必要
製造業界	欠損、重複	膨大なデータ量を処理できず、ログが出力できないことや何らかのエラーにより、欠損や重複が発生する。製品のテストを何度も行ってログを出力するシステムを構築しても発生することがある
広告業界	欠損	Web 広告の場合、1 日に数億レコードのデータを連動して扱うため、一時的にデータが増えてサーバ負荷が大きくなると、欠損することがある
流通業界	欠損、重複	最新のシステムを導入する企業が少ない傾向があり、既存のシステムに複数のシステムを組み合わせて構築していることが多い業界。システム間での連携が原因で、欠損や重複などが起こる
E コマース業界	欠損	サーバの生ログデータを分析用データベースに移行する際に欠損することが多く、5 〜 10％程度の欠損もめずらしくない

　どの業界もサーバからデータ分析用に加工してデータベースに格納する工程で、データの不備が発生しやすい傾向があります。欠損・重複の確認は行いましょう。

>>> **Next Action** <<<

　本節ではデータの不備や代表的な前処理の種類について解説しました。データの前処理にかかる工数を確認するとともに、データの欠損や重複などがないか基礎集計を行いましょう。

図 7.2　データ分析の進め方の概要（所要時間割合）

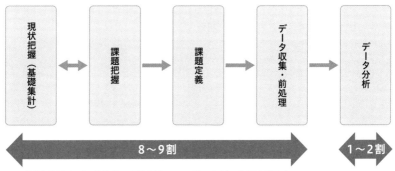

現状把握からデータ収集・前処理までの工程で 9 割の時間を費やす

図 7.3　型違いの例

正しいデータ

date	customer_id	product_id	quantity
2018-1-2	14	20	30
2018-1-2	26	59	26
2018-1-3	5	8	13
2018-1-3	12	42	7
2018-1-3	12	3	16
2018-1-3	24	2	4

型違い（quantity は、数値型であるが文字型が入っている）

date	customer_id	product_id	quantity
2018-1-2	14	20	30
2018-1-2	26	59	26
2018-1-3	5	8	**A**
2018-1-3	12	42	**7B**
2018-1-3	12	3	16
2018-1-3	24	2	4

図 7.4　カラムのずれ、欠損の例

カラムのずれ

date	customer_id	product_id	quantity
2018-1-2	14	20	30
2018-1-2	26	59	26
5	8	13	
12	42	7	
2018-1-3	12	3	16
2018-1-3	24	2	4

欠損（customer_id は、必須であるが欠損している）

date	customer_id	product_id	quantity
2018-1-2	14	20	30
2018-1-2	26	59	26
2018-1-3		8	13
2018-1-3		42	7
2018-1-3	12	3	16
2018-1-3	24	2	4

7

データの種類と分析手法の検討

147

7-3　ツール・プログラミング言語の選択

油井志郎

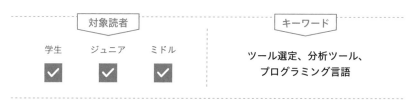

対象読者			キーワード
学生	ジュニア	ミドル	ツール選定、分析ツール、プログラミング言語
✓	✓	✓	

データ分析に使用するツールやソフトウェア、プログラミング言語はさまざまありますが、いくつかの観点で使い分けることになります。ここでは、分析を行うツールや言語を選定する際に考慮すること、各ツールや言語の特徴・使い分けについて解説します。

運用をふまえた選定ポイント

　データ分析のためにツールやプログラミング言語を選定するポイントは次の 3 つです。

- 定常的分析／非定常的分析
- 利用者のスキル
- 導入と運用のコスト

　1 つめは、**定常的（定型的）な分析を行う可能性があるか**を確認します。定常的な分析とは、月次の売上や会員数の集計、時間ごとの不良品数の可視化、クリエイティブごとのクリック数集計など、ある一定の間隔、特定の期間で区切って分析を行うことです。非定常的な分析は、そのときそのときの目的によって行われる限定的な分析です。アドホックな分析などともいいます。

　非定常的な分析の場合、望んでいる分析を実現しやすい、または分析

者が扱いやすい言語やツールを用います。一方、定常的な分析は、繰り返し利用することから運用時のコストを考慮してツールや言語の選定が必要になります。

2つめは、**利用者のスキル**という観点で選定します。

たとえば、最近ではビジネスサイドのメンバーもデータベースを扱うことが増えています。データベースの操作に不慣れな方が定常的な分析を行う際、データの更新を手動で差し替えるのは危険です。あらかじめデータベースからデータが自動で連動されているツールを使用するほうが安全です。また、プログラムの記述を必要とするツールよりも、ボタン1つで分析できるツールのほうが容易なのは理解しやすいでしょう。利用者のスキルに見合った選定が重要です。

3つめは、**導入と運用のコスト**をふまえた選定です[*8]。

ほとんどクリックだけの簡易な操作で、集計や更新を行うことができるツールもあり、誰でも扱いやすいのが特徴ですが、導入と運用にはある程度予算が必要です。

一方、無償のソフトウェアでプログラミングをして集計などを行う場合、導入の費用はかかりませんが、集計を行うための作業時間とプログラミングの知識を持つ人がいなければなりません。運用についても同様です。

▍▍分析ツールの種類・特徴

ここでは代表的な**分析ツール**の特徴とメリット／デメリットを解説します。

Microsoft Excel と Microsoft Access

誰でも扱いやすく、分析や定型的処理を行うプログラムの作成が容易なツールです。

[*8]　導入と運用のコストについては、「9-3 データドリブンな文化構築を目指すうえで重要なBIツール」を参照してください。

メリット　操作性・情報量の多さ

プログラミングに不慣れな方でも容易に利用できます。また、知名度もあり、解説書籍やインターネット上の情報が多いので、データ分析用途以外にも利用者が多く、学習コストが低いのがメリットです。

デメリット　人為的ミスの発生

データ更新作業などにおいて、手動による加工や差し替えが多く発生し、人為的なミスが起こることがあります。

デメリット　データ容量の制限

データ容量に制限があり、大きなデータになると処理できません[9]。データの種類にもよりますが、サーバから発生するような数億件のデータを扱うことは難しいです。

プログラミング言語

R、Python、SQL などが挙げられます。もちろんプログラミング経験者がメンバーにいることが前提ですが、さまざまな分析に応じて仕様を柔軟に実装できます。

メリット　複雑な条件に柔軟に対応できる

性能（可視化や集計や処理速度など）を重視したいなど、AI・データ分析プロジェクトの各場面で重視するポイントは異なります。さまざまな条件を実現するため、一からプログラムを記述します。

メリット　データ加工や集計などの処理速度が速い

大量のデータを高速で処理（加工、集計など）できます。処理内容によりますが、SQL はとくに高速です。

メリット　ほかのクラウドサービスと連携しやすい

プログラミング言語はさまざまなクラウドサービスと連携できます。データベースへの接続も容易なため、手動でのデータ差し替えや加工の必要がなく、運用時の作業コストを抑えることができます。

---

[9]　Excel の場合のワークシートは 1,048,576 行、16,384 列です。
参考：「Excel の仕様と制限」https://support.microsoft.com/ja-jp/office/excel- の仕様と制限 -1672b34d-7043-467e-8e27-269d656771c3?ui=ja-jp&rs=ja-jp&ad=jp

メリット　Web アプリケーションの利用

プログラミング言語（R、Python）を使用して、Web アプリケーションを構築できます。Web アプリケーション自体の操作にプログラミングは不要です。簡易な Web アプリケーションであれば、R を利用している Shiny[*10] や Python を利用している Dash[*11] で構築する例があり、可視化や集計などの基本的な機能を備えています。また、大規模な Web アプリケーションを構築する場合は、開発コストが大きくなりますが、用途の柔軟性が増します。

デメリット　知見のある人材が必要

プログラミングやシステム開発の経験者が必要で、開発の費用や時間といったコストがかかります。外部の企業に分析や Web アプリケーションの作成を委託することも考えられます。

BI ツール

Tableau、Domo、Power BI などが挙げられます。導入・運用に費用はかかりますがプログラミング経験者がいなくても、分析やレポーティングが簡単にできます[*12]。

メリット　操作性と豊富な機能

GUI（Graphical User Interface）で直感的に操作できるため、プログラミング経験者がいなくても分析できます。使用方法をインターネット上に動画で公開している会社も多く、簡単に使い始めることができます。ほかにも次のような機能を備えています。

－大規模データやデータの組み合わせに対応

－可視化の機能が豊富

－レポートの自動更新が可能

デメリット　ツールの使用料金が高額

ほかのツールと比較すると使用料金が高額であり、導入にあたってデータ加工や集計をツール会社に依頼する場合、コストがかかることがあります。

デメリット　ツールに搭載された機能が限定されている

柔軟にカスタマイズされた分析ツールではないため、希望する分析機能がな

[*10]　https://shiny.rstudio.com/

[*11]　https://dash.plotly.com/

[*12]　BI ツールについては第 9 章で詳しく説明します。

いことがあります。ツールの選定においては、各ツールでどんな分析ができるかを確認しておく必要があります。

各プログラミング言語の特徴

プログラミング経験者がいれば、**プログラミング言語**によってデータの取得・加工・可視化・分析などができます。データ分析で使用されるおもなプログラミング言語の特徴を簡単に解説します。

Python

分析を一通り実行できるだけでなく、機械学習や最新の分析手法も実装されています（ディープラーニングに取り組む場合は、Python を選択することが多いです）。また、システムとの連携がしやすく、Web フレームワークを使用して Web サービスを構築できるため、AI などの開発を伴う分析・予測モデル構築に利用されやすい言語です。プログラミング経験者であれば比較的扱いやすい言語です。

R

統計解析に特化した言語です。一通り開発を行うこともできますが、おもにデータ分析や機械学習に使用します。簡単なプログラムでデータ分析ができます。教師なしの可視化などが Python と比較すると強みが大きい部分です。

SQL

データベースにアクセスし、高速に大量データの加工・取得ができます。まずは SQL である程度データを加工してから、Python や R で分析を行うことが多いです。

COLUMN　ローカル環境とクラウド環境

　データ分析で使用するデータは、大量のデータだけではありません。非定型的な分析の場合、ローカル環境で扱える程度のデータ量を扱うことが多いです。少ないデータ量であれば、データを把握するのに BI ツールや Excel を使用したクロス集計やグラフ作成で十分に間に合います。また、簡単な集計や可視化であれば、数回のクリックで完了することもあり、SQL や R、Python などのプログラミング言語を使用するよりも、簡単に速く分析できることも多いです。分析目的と使用したい手法によっては、BI ツールや Excel では対応できないこともあり、扱える機能が多い SQL や R、Python のようなプログラミング言語を使用するほうがよいこともあります。

　近年、高スペックの PC が以前よりも入手しやすい価格になっています。メモリ容量の多い（16GB 以上）PC を使用すれば、1 億レコード程度のデータを読み込んで、分析や予測ができます（カラム数が多いと読み込めないこともあります）。

　数億レコードを超えてくるとローカルでは作業が困難になってきますので、クラウド上のストレージ（データを保管する機能）にデータをためて、ビッグデータ用のデータベース構築を検討してください。SQL などを使用して、集計・加工作業を行います。

　次の表に代表的なクラウドサービスとストレージサービス、大量データを格納するデータベースをまとめます[13]。

表 7.5　おもなクラウドサービス

クラウドサービス	ストレージサービス	データベース
Amazon Web Services（AWS）	S3	Redshift
Google Cloud Platform（GCP）	Cloud Storage	BigQuery
Microsoft Azure（Azure）	Blob Storage	SQL Data Warehouse

[13]　クラウドの詳細については「10-4 クラウドの選定」を参照してください。

　クラウドサービスは、処理能力や費用などから比較検討します。ほかの
サービスよりも、クエリの実行速度が高速であるなどの理由から、日本では、
GCP の BigQuery を使用することが多いです。

　費用は、保存するデータ量に応じて変わるサービス（従量課金制）が一般
的ですが、無料で一定の保存領域を設けているサービスもあります。まずは、
扱うデータ量や行う処理を洗い出して、クラウドサービスを検討しましょう。

>>> Next Action <<<

　本節ではツールやプログラミング言語を概観しました。定常的な
分析かどうか、メンバーのスキル、導入／運用にかかるコストを考
慮して選定しましょう。

表 7.6　SQL、R、Python、Excel、BI ツールの比較 [14]

言語、ツール	扱えるデータ容量	データ加工	レポーティング	学習コスト	使用料金
R	○	◎	△ （開発が必要）	高い	なし （PC やサーバは必要）
Python	○	◎	△ （開発が必要）	高い	なし （PC やサーバは必要）
SQL	◎	○	×	高い	なし （PC やサーバは必要）
Excel	△	△	○	低い	必要
BI ツール	○	○	◎	中間	必要

---

[14]　SQL は、別の言語を使用して開発すればレポート作成ができます。

目的によるデータ分析手法の違い

油井志郎

対象読者			キーワード
学生	ジュニア	ミドル	分析手法、EDA、予測、教師あり・教師なし
☐	✓	☐	

分析や予測（回帰・分類）にはさまざまな手法があり、解決したい課題によって適切に使い分ける必要があります。本節では、分析手法の用途と使い分けについて解説します。

データ分析手法の選択

　ここ数年で、注目を集めている AI やディープラーニングは、どんな課題も解決できるととらえられがちです。得意とする課題に対してはよい結果を導き出しますが、どんな課題に対しても万能ではありません。

　同じ課題であってもさまざまな解決手段があります。課題によっては、最新の機械学習手法よりも、古典的な統計的手法のほうが要因を解釈しやすいこともあります。また、特定のデータ（時系列・画像・テキストなど）の扱いに特化した手法もあり、安易に「最新の手法」や「有名な手法」に飛びつかず、分析に臨むことが重要です。

　次に、代表的な分析手法と、利用場面の例を記載します。なお本書では、分析手法の詳細についてはふれません[15]。

---

[15]　機械学習の手法をアルゴリズムと記載することが多いですが、古典的な統計の場合はアルゴリズムより手法という言い方を多用するので、本節では手法という呼び方で統一します。

探索的データ解析手法

EDA（Exploratory Data Analysis）とも呼ばれる、データの中から何らかのルールを見つける分析手法です。代表的な分析手法としては、クラスタ分析、主成分分析、アソシエーション分析などがあり、次のようなケースで用いられます。

- 市場についての知識が乏しい
- どの要因が、目的変数（物事の結果となる変数）に影響するかの仮説が立てられない

たとえば、売上向上のための施策を検討する場合、ユーザーごとの購入金額データでクラスタリングを行い、どの購入金額クラスタが売上に影響を与えているかなどを把握します。さらに、どのような行動が売上に影響を与えているかをクラスタごとに把握して、キャンペーンなどを検討します。

売上に影響を与える要因を把握するには、データに購入物や購入頻度、曜日や時間帯などを加え、その中から売上に影響する要因を分析しながら改善を進めます。

仮説検証的データ分析手法（予測）

目的変数に対して、どの要因が影響しているのか仮説を立て、「影響する要因を把握」したり、未来の状態について「予測」する分析手法です。ここでは、「予測」について解説します。

予測には、分類と回帰があります。手法としては、重回帰分析、ロジスティック回帰、ツリー系の機械学習（LightGBM、XGBoost、Random Forest）、Support Vector Machine（SVM）、Neural Network（NN）などがあります。ディープラーニングもここに含まれます。

連続値の予測は回帰で行います。たとえば、気温・直近の売上・直近の来店者数などのデータから、実店舗の翌日の売上予測を行うときは、回帰で予測します。

離散値の予測は分類を用います。たとえば、あるユーザーの性別・年代・購入物のカテゴリデータを使用し、ある商品を「買う」または「買わない」の 2 値を予測するときは、分類で行います。

どの要因が予測値に影響を与えているかを把握できる手法とできない手法があります。求められる分析結果によって、使い分けることが必要です。

1. どの要因が予測に寄与しているか知りたい

   重回帰分析、ロジスティック回帰、ツリー系の機械学習での予測は、どの要因がどの程度予測に影響を与えているのか把握できます（特定の条件が必要な手段もあります）。ビジネスデータの予測をする場合には、予測結果と合わせてどの要因が予測に寄与して分析結果に至ったかの説明を求められることが多く、その場合はこれらの手法を用いることが一般的です。

2. 予測に寄与している要因を把握するよりも、予測精度を求めたい

   1 以外の手法（ディープラーニングを含む）は、どの項目が予測に影響を与えているかを簡単に把握できません。これらの手法は、どの要因が予測に寄与しているかの解釈よりも、予測精度を求めたいときに用いることが多いです。

扱うデータによって高い精度が出る手法は異なるため、必ずしも 2 の手法が 1 の手法より精度が高いとは限りません。また、より高い精度を求めるため、複数の分析手法を組み合わせることもあります（アンサンブル学習）。

「教師あり」か「教師なし」か

分析手法には**教師あり・教師なし**という考え方があり、条件によって使い分けます。

教師あり

正解を把握しているデータ（教師データ）を使用して、正解データとほかの変数の関係からルールを学習し、予測式を算出する手法です。大半の機械学習、重回帰分析がこれに当たります。

たとえば、ある人が商品 A を購入するかどうか（「買う」か「買わない」

の二値分類）を予測する場合、過去の商品 A の購入者の属性データ（年齢や性別など）と、未購入者の属性データを使用し、商品 A を購入する確率を算出する式（予測モデル）を作成します。そして、正解（＝購入するかどうか）がわからない人の属性データ（テストデータ）を予測式に当てはめることで、商品 A を購入する確率を算出します。

　この手法では、次の点に注意します。

- 学習不足
  十分に教師データを学習できていない状態です。データ量を増やしても予測モデルの性能が悪い場合が当てはまります。使用する手法を変える必要があるかもしれません。

- 過学習
  教師データで過度に学習しすぎて、教師データと似ているデータ[*16] しか予測できない状態です。そのため、作成した予測モデルにテストデータを投入しても、正しく予測ができません。学習するデータを増やしてさまざまなデータに対応できるよう汎化することでこれを防ぎます。

- ノイズ
  ノイズ（外れ値や異常値）が含まれていると、正しい予測モデルを作成できません。データの前処理をしっかり行ってから、予測モデル作成しましょう。

教師なし

　正解がわからない場合に、使用するデータの特徴を学習し、ルールを見つけます。たとえば、アンケートデータからどのような嗜好の人がいるかのグループ分け（クラスタリング）や、多項目（100 項目程度）にわたるユーザーのアクションデータの縮約（主成分分析）などが当たります。

　もう少しアンケートデータの例を具体的にします。全 3 問からなるアンケートの回答者を、各自の回答から 3 グループに分けるとき、問 1 を「A と回答した人は A グループ」、「B と回答した人 B グループ」、「C と回答した人は C グループ」とします。あらかじめ簡単なルールが存在すれば、各ユーザーが属するクラスタの正解を決定できます。しかし、問 1

[*16]　分布については詳しく解説しませんが、ここでは教師データと同じ分布を持つデータを似ているとしています。

～3の回答を総合してユーザー同士の類似をグループ分けする場合、類似のルールを算出して行います。正解をあらかじめ把握していないため、よくも悪くも解釈が分析者次第となります。分析結果が現場の知見と一致するか、セグメントがきれいに分割されているかなど、分析結果を確認しながらの試行錯誤が必要です。

　解決したい課題や扱うデータによって、手法の使い分けを行いましょう。

>>> Next Action <<<

　本節では代表的な分析手法について解説しました。使用するデータが教師あり・教師なしのどちらか確認し、予測の場合は、分類なのか回帰なのかを確認しましょう。

表 7.7　分析手法と用途

手法名	教師あり or なし	おもな用途
主成分分析	なし	・多変量の次元圧縮 ・多変量の次元圧縮後の解釈
アソシエーション分析	なし	・おもに購買物の関係性分析（併売など）
クラスタ分析	なし	・複数の変数でグルーピングを行う
重回帰分析	あり	・予測（回帰） ・目的変数に対する説明変数の影響などを分析
ディープラーニング	あり	・予測（分類、回帰）
LightGBM	あり	・予測（分類、回帰） ・目的変数に対する説明変数の影響などを分析
Support Vector Machine（SVM）	あり	・予測（分類、回帰）

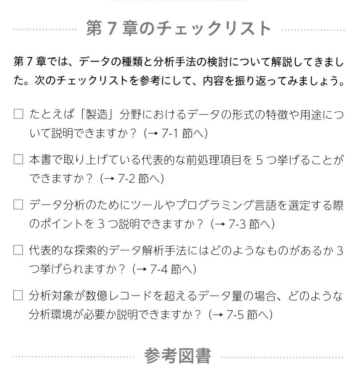

第 7 章のチェックリスト

第 7 章では、データの種類と分析手法の検討について解説してきました。次のチェックリストを参考にして、内容を振り返ってみましょう。

□ たとえば「製造」分野におけるデータの形式の特徴や用途について説明できますか？（→ 7-1 節へ）

□ 本書で取り上げている代表的な前処理項目を 5 つ挙げることができますか？（→ 7-2 節へ）

□ データ分析のためにツールやプログラミング言語を選定する際のポイントを 3 つ説明できますか？（→ 7-3 節へ）

□ 代表的な探索的データ解析手法にはどのようなものがあるか 3 つ挙げられますか？（→ 7-4 節へ）

□ 分析対象が数億レコードを超えるデータ量の場合、どのような分析環境が必要か説明できますか？（→ 7-5 節へ）

参考図書

「業界別！AI 活用地図 8 業界 36 業種の導入事例が一目でわかる」本橋 洋介 著, 翔泳社, 2019 年.

「Python によるデータ分析入門 第 2 版 ―NumPy、pandas を使ったデータ処理」Wes McKinney 著, 瀬戸山 雅人, 小林 儀匡, 滝口 開資 訳, オライリー・ジャパン, 2018 年.

「前処理大全 データ分析のための SQL/R/Python 実践テクニック」本橋 智光 著, 技術評論社, 2018 年.

「見て試してわかる機械学習アルゴリズムの仕組み 機械学習図鑑」秋庭 伸也, 杉山 阿聖, 寺田 学 著, 加藤 公一 監修, 翔泳社, 2019 年.

第 **8** 章

分析結果の評価と改善

8-1　効果測定の重要性

8-2　チューニングの実施検討と費用対効果

8-3　運用サービスへの統計学の利用

8-4　A/B テストや A/A テスト

8-5　比較の自動化

8-1　効果測定の重要性

伊藤徹郎

対象読者			キーワード
学生	ジュニア	ミドル	オフライン検証、オンライン検証、 モニタリング
☐	☑	☑	

本節では、分析結果における効果測定の重要性を解説します。まず、オフライン検証における分析モデルの選択と測定指標の種類、汎化性能について説明します。次に、施策の適用時のオンライン検証について解説し、見るべき指標の変遷を説明します。最後に、本番に適用したあとのモニタリングについて説明します。

▌▌分析結果のオフライン検証

各ビジネスにおける課題を対象に仮説を立て、取得したデータからモデルを作成したら、**精度**を測るのが一般的です。

過去のデータから特性に応じた特徴量を用いて、分類や回帰などの問題に照らし合わせ、何らかのモデルを構築します。その際、さまざまな測定指標を用いて、モデルの精度を測定します。**オフライン検証**は、過去のユーザー行動のデータなどを用いて構築したモデルの精度を測定し、有効性を検証する工程です。

たとえば、回帰モデルであれば RMSE（平均平方二乗誤差）や決定係数などを使い、構築したモデルと観測されたデータの誤差をどの程度最小化できたかで判断します。分類モデルであれば、あるラベルを適切に分類できたかどうかの混同行列（Confusion Matrix）を作成し、全体で正しく分類できた指標の accuracy（正答率）や error rate（誤答率）、Precision（適合率）や recall（再現率）、また AUC（Area under an ROC curve）など

の指標を用いることも多いです。これらの評価指標により、特徴量の採用を決定し、学習させたいデータの精度を上げることを考えます。

　また、手元にあるデータへの精度だけを意識してはいけません。今後来るであろう未知のデータに対しても精度を上げたいと思うのが常ですので、その精度（汎化性能）を上げるためにクロスバリデーションといった手法を用いて、より適応力のあるモデルに仕上げます。Kaggleを始めとしたオンラインのデータ解析コンペティションの普及によって、このような手法は馴染み深いものになっており、いろいろな手法を試してみるとよいでしょう[*1]。

施策適用後のオンライン検証

　コンペティションと異なるのはこれ以降のプロセスです。オフライン検証したモデルを実際にプロダクトやサービスに適用します。オフライン検証では前述のような評価指標でモデルの精度を上げればよかったのですが、**オンライン検証**では別の指標が適用されます。

　それは各サービスやプロダクトで設定したKPIやビジネス指標です。回遊率やページビューや売上など、各ドメインやサービス、チームごとに設定されているでしょう。

　たとえばECサイトに機械学習モデルを適用した場合、重要なKPIは購買数や売上金額です。オフライン検証では非常に高い性能を出していたモデルでも、オンライン検証にフェーズが移ると、想定された成果が出ないこともよくあります。そうした場合、再度オフライン検証に戻り、新たなモデル開発に着手することが望ましいでしょう。

　また、一気にモデルを本番適用するのではなく、段階的な適用が望ましいです。その際、既存の仕様と新たなモデル適用後の効果を比較し、期待どおりあるいは期待以上の成果があるなら、全体へリリースしていくとよいでしょう。

[*1]　解くべきタスクと評価指標については、門脇大輔，阪田隆司，保坂桂佑，平松雄司著「Kaggleで勝つデータ分析の技術」（技術評論社，2019年）にわかりやすくまとまっているため、詳細を知りたい方はこちらを参照してください。

▌▌ 本番適用後のモニタリング

　オンライン検証をクリアし、本番適用して終わりではありません。その後は継続的にモデルの効果を測定する必要があります。リリース当初はサービスの変更に伴って効果が出やすくなったり、ねらったターゲットユーザーに利用される傾向がありますが、学習済みのモデルを継続的に運用して、その期間が長くなればパフォーマンスは劣化するのが一般的です。なぜなら、本番投入後のデータを学習していないため、想定しない振る舞いに遭遇するケースが増えるからです。新商品の投入や新たなユーザーの参加など、モデル作成時には想定できないデータへの対応が必要になる可能性もあります。こうした精度の劣化を検知する意味でも、本番適用後のモニタリングを行いましょう。

≫≫ Next Action ≪≪

　まずは分析結果のオフライン検証を行い、モデルの精度を検証しましょう。検証したモデルを本番環境に適用したら、オンラインでの検証を行います。そこできちんと効果を検証できたら、正式に適用し、継続的に効果をモニタリングしましょう。

図 8.1 さまざまな指標

┌─ **オフライン検証の指標** ────────────

・**RMSE（平均平方二乗誤差）**：$\sqrt{\dfrac{1}{N}\displaystyle\sum_{t=1}^{N}(y^i-\hat{y}^i)^2}$

・**決定係数**：$R^2=1-\dfrac{\sum_{i=1}^{N}(y^i-\hat{y}^i)^2}{\sum_{i=1}^{N}(y^i-\bar{y}^i)^2}$

・**混同行列（Confusion Matrix）**：

		機械学習モデルの予測	
		Positive	Negative
実際の	Positive	TP（True Positive）	FN（False Negative）
クラス	Negative	FP（False Positive）	TN（True Negative）

・**accuracy**：$\dfrac{TP+TN}{TP+TN+FP+FN}$

・**error rate**：1-accuracy

・**Precision**：$\dfrac{TP}{TP+FP}$

・**Recall**：$\dfrac{TP}{TP+FN}$

（TP：True Positive、TN：True Negative、FP：False Positive、FN：False Negative）

┌─ **オンライン検証の指標** ────────────

・**KPI やビジネス指標（回遊率やページビュー、売上など）**

チューニングの実施検討と
費用対効果

伊藤徹郎

対象読者			キーワード
学生	ジュニア	ミドル	モデルのチューニング、 モデルのリプレイス
☐	☑	☑	

前節で作成したモデルを運用する中で、作成から時間が経過するとチューニングの判断を迫られます。本節ではその際のポイントと実際のモデルのリプレイスについて解説します。最後に KPI や KGI に基づいて行う費用対効果の算出についても解説します。

モデルのチューニング

　モデルをモニタリングして効果を測定する重要性は前節で指摘したとおりです。モデルの性能が劣化してきた場合、モデルをチューニングしようとするのは一般的な考えでしょう。モデルのチューニングを行う際に、取りうる手段として考えられるものを次に挙げます。

- 学習データを直近までのものに更新し、再学習する
- 学習アルゴリズムの性能を高くする
- 新たな特徴量を追加・削除する
- 投入する学習データを変更する

　モデルにデータを学習させてから日数が経過している場合、新たに学習しなおす効果は高いでしょう。また、近年では日進月歩でよいアルゴリズムが提案されています。新たなアルゴリズムを適用するのもよいでしょう。また、新機能やサービス改善などによって、効く特徴量に変化

があるかもしれません。こうした特徴量をチューニングするのもよいでしょう。また、学習データ自体を変更してしまうのも1つの方法です。

モデルのリプレイス

モデルのチューニングを実施し、オフライン検証で既存のモデルよりも期待できる効果が望めそうであれば、モデルを**リプレイス**しましょう。基本的なリプレイス方法は前節で説明したオンライン検証と同じステップです。ここで注意が必要なのは、もとのモデルへの切り戻しです。オフライン検証のチューニングで効果が見込めても、実際のサービスで思いどおりに挙動しないこともあります。その際は段階的なリリースでの結果を判断材料とし、事前に意図していた精度が出ない場合はもとのモデルに戻すという決断が必要でしょう。

こうした対応をスムーズにできるように、モデルのバージョン管理だけでなく、学習・検証データのバージョン管理も必要です。また、オフラインとオンラインの検証に差異が出た場合は、モデルの前提から再検討するとよいでしょう。

費用対効果の算出

本節の最後に**費用対効果**の算出について解説します。オフライン検証→オンライン検証→モニタリングといったモデルの検証サイクルを回し、オンラインのモデルをリプレイスするリリースフローを実施するには、少なからず工数が必要です。そのため、リプレイスを行う判断を下すには、事前にある程度のROI（Return on Investment）を求める必要があります。実際にモデルをリプレイスするためにかかる人月や工数を算出し、対応後どの程度の期間で損益分岐点を超え、どの程度の利益を出せるのかを検討する必要があります。たとえば、リプレイス対応後、3ヵ月で損益分岐点を超えて利益が出そうであればやるべきですし、5年後だった場合は見送ることも必要でしょう。

研究の世界では、AUCなどの評価指標をコンマ1〜2改善するだけで

もインパクトを出せる場合がありますが、ビジネスにおいては異なりま
す。モデルの性能改善が部署の KPI や KGI にどの程度効果を望めるか、
期待値を事前に見積もっておくとよいでしょう。その期待値が期待どお
りに見込めない場合も想定してください。判断基準を事前に設定してお
くことで、モデルのリプレイス前に切り戻す判断もしやすくなります。

>>> **Next Action** <<<

　運用しているモデルの精度が劣化してきたら、モデルのチューニ
ングを検討しましょう。モデルのチューニングを行い、よりよい効
果を期待できそうならば、次にモデルをリプレイスしましょう。こ
れらの結果、どの程度 ROI を出せたのかを算出し、効果を検証しま
しょう。

図 8.2　モデルリプレイスの流れ

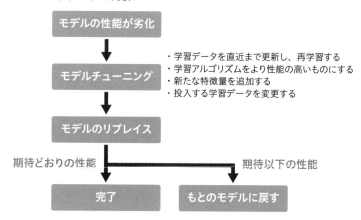

8-3 運用サービスへの統計学の利用

伊藤徹郎

対象読者

学生	ジュニア	ミドル
☑	☑	☑

キーワード

記述統計、推測統計、実験計画法

本節では、運用サービスの分析に統計学を利用する観点について解説します。まず、サービスデータに対して記述統計分野の知見を適用し、データの紐解き方を説明します。次に、推測統計の観点を用いて効果検証への取り組みについて説明します。最後に、それらを統合した実験計画の策定のしかたについて説明します。

サービスにおける記述統計

前節で事前にモデルリプレイスにおける期待値の見積もりを行うことで、チューニング実施の判断がしやすくなると述べました。ここで重要なのは、統計学の方法論をサービス運用の判断に適用することです。まずは記述統計を用いましょう。

記述統計は、すでにあるデータを集計して特性や分布を把握する方法です。

たとえば、サービスの1日の平均利用者数や平均売上など、これらをより意識的に集計します。つまり、今回は分析結果をサービスに適用したいと考えたときに、その影響を把握しておくのが重要です。ビジネス上のKPIの平均や分散、中央値などの要約統計量を見ることで、そのサービスにおけるパフォーマンスのベンチマーク（基準）がわかってきます。次が代表的な記述統計の要約統計量です。

- 平均
- 分散
- 標準偏差
- 最頻値
- 中央値
- 尖度
- 歪度

　それぞれの詳細については割愛しますが、比較的簡単に集計できる記述統計を把握せず、勘と経験で日々の改善サイクルを行っている事例は非常に多いので、客観的にこうしたデータを紐解いてみるとよいでしょう。

施策の推測統計

　手持ちのデータからまだ手にしていないデータについて議論する方法を一般的に**推測統計**と呼びます。たとえば、テレビの視聴率や選挙の速報などに利用されています。これらは少数のサンプルから得られた傾向を統計的に推測することで、もっともらしい解を導き出しています。

　モデルを適用し、その後の効果を検証するうえでも、推測統計は有効な手段です。代表的な手法として、**仮説検定**があります。これはある仮説に対して、データをもとにその仮説が支持されるかどうかを統計的に検証します。たとえば、ある施策を実施したときの効果を検証する際に、その効果がどの程度あったのかを検証するとします。その際に、プロモーションを実施したグループとそうでないグループの 2 つに分け、それぞれのグループでの効果を測定します。その効果に統計的に有意な差があるかを検証します。

　あらかじめサービスの統計量を把握し、施策における推測統計の値を議論できれば、施策を実験としてとらえることができます。これを活用した事例は A/B テストです。次節で詳細に解説します。

実験計画の策定

統計学の応用の1つに実験計画法という手法がありますが、これはある施策を実施する際の計画手法として活用できます。誌面の都合上詳細にはふれませんが、実験計画法のおおまかな手順は次です。

- 実験条件の選定
- 実験の割り付け
- 実験表の作成と実験の実施
- 実験結果の解析

新たな施策を行う際、施策を適用する利用者数によってサンプルサイズが決まります。試す施策を水準としてとらえることで、各施策のそれぞれの効果を推し量ることもできるでしょう。また水準の交互作用を統計的に排除するために直交表を使います。直交表により、複雑な相互作用を統計的に無視し、それぞれの施策の効果を見ることができるようになります。

たとえば、広告バナーの最適なパターンを実験計画法によって分析するとします。バナーの要素として、訴求テキスト、メインビジュアル、背景の3要素（施策）を検討したいとしましょう。各要素にそれぞれ2種類の要素があった場合、通常であれば、$2 \times 2 \times 2 = 8$通りの内容を検証しなければなりません。しかし、ここで直交表を用いることで、実験回数を半分の4回に短縮できます。

表 8.1 直交表による割り付けの例

No	訴求テキスト	メインビジュアル	背景
パターン1	セール開催	商品	白
パターン2	セール開催	人	水色
パターン3	閉店セール	商品	白
パターン4	閉店セール	人	水色

この実験表をもとに、実際に実験を行います。その結果得られたデー

タを解析し、どのパターンで効果があるのか、どの要素に効果があったのかを定量的に分析できます[*2]。これを何度も繰り返すことで、とりうる施策の効果に関するデータが蓄積され、新たに施策を実施する際にどんな施策がどの程度効果があったかが事前にわかります。

　施策の効果を検証して蓄積することで、より施策の精度が上がります。実践の積み重ねを組織のナレッジとして積み重ねていく重要な取り組みです。

>>> Next Action <<<

　まずは運用しているサービスの状況を要約統計量で可視化しましょう。そのうえで、基本的な平均値や分散の状況を把握し、改善施策を検討します。改善施策の効果を推定するために推測統計学を利用して効果を推定しましょう。A/B テストの計画や実験計画を立てて、具体的な実験と改善の分析計画を立てましょう。

図 8.3　実験計画法に基づいた実験結果の例

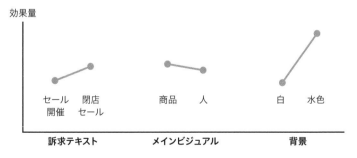

効果量

セール　閉店
開催　セール

商品　人

白　水色

訴求テキスト　　　メインビジュアル　　　背景

[*2]　実験計画法の詳細については、森田浩著「図解入門 よくわかる最新実験計画法の基本と仕組み」（秀和システム , 2010 年）をお勧めします。

8-4 A/B テストや A/A テスト

伊藤徹郎

8

分析結果の評価と改善

対象読者			キーワード
学生	ジュニア	ミドル	A/B テスト、A/A テスト、多変量
☐	✓	✓	テスト、バンディットアルゴリズム

本節では、前節でふれた施策の効果を検証する方法について解説します。最初に近年のグロースハックの文脈でもよく利用される A/B テスト、次にあまり馴染みのない A/A テストの意義と取り組み方を解説します。最後に、これらの発展形である多変量テストやバンディットアルゴリズムに関して解説します。

A/B テスト

近年では、Web 広告やランディングページの出し分けによって、Web サイトなどを改善することをグロースハックと呼びます。ここで **A/B テスト**が活用されていることは広く知られています。しかし、実際に正しく A/B テストを実施できている組織はそう多くないかもしれません。

A/B テストはパターン A の施策とパターン B の施策の効果にどの程度の差があるかを見極める手段としては有効ですが、効果を正しく判断するためにはそれなりの制約があります。まず、A/B テストを適用するにあたって、パターンごとにサンプルサイズを計算します[*3]。サンプルが集まりそうな期間を設定し、明確に実験群と対照群に割り当てて、それぞれ

[*3] A/B テストで有名な Optimizely が提供するサンプルサイズカリキュレータなどを参考にしてもよいでしょう（https://optimizely.e-agency.co.jp/sample-size-calculator/）。また、詳細な解説は、永田靖著「サンプルサイズの決め方」（朝倉書店, 2013 年）を参照してください。

の群の効果を測定します。これらの測定値に対して、統計的仮説検定の手法（t検定や χ 二乗検定など）を用いて、当初の仮説が棄却されたかどうかを見ることで、パターンごとの差に効果があるかどうかを測ることができます。悪い例としては、検定で有意差が出ないからといってずるずると実験を続け、最終的に有意差が出た段階で打ち切る方法です。なぜこのようなことが起きるかというと、A/Bテストの起案者は、自分の立てた施策の結果をよく見せたい願望が強くなってしまうからです。計画していた数が集まったときに有意な差が得られていない場合、あと少し実験を続ければ有意な差が出るのではという誘惑に駆られます。気持ちはわかりますが本質を見失ってしまうので、結果を真摯に受け止める姿勢が必要です。

　統計的仮説検定を用いているので、サンプルサイズを大きくすれば有意差は出やすくなります。しかし、それでは、本質的な効果を得ることはできません [*4]。

A/A テスト

　A/Bテストに比べて、**A/A テスト**はあまり聞きなれないテスト方法ではないでしょうか。A/A テストは文字どおり A というパターンと A というパターンを2分割して、その差を検証します。

　どんな場面で使うのかと思われるかもしれませんが、A/Bテストの事前検証で使用します。たとえば、A という施策と B という施策にランダムに割り付けるのが A/B テストの鉄則ですが、そのランダムな割り付けが今回検証する方法で適切に動作するかを測ることができます。つまり、「A と B に差」が本当にあるかを「A と A の差」をもとに検証する方法です。A という施策の分散傾向を見ることもできるでしょう。

　A/A テストにより、より精度の高いデータを取得できるかを確認できれば、より A/Bテストの確度は上がります。少し手間はかかりますが、チャレンジしてみるとよいでしょう。

[*4]　A/B テストの実践例の詳細な解説は、野口竜司著「A/B テストの教科書」（マイナビ出版，2015 年）を参照するとよいでしょう。

多変量テストやバンディットアルゴリズム

ある程度 A/B テストを常態的に実施できるようになると、次のステップとして、**多変量テスト**や**バンディットアルゴリズム**などの応用手法の検討が視野に入ってきます。これらの詳細にはふれませんが、施策実施時の注意点について紹介します。

バンディット問題の例をスロットマシンを使って考えてみましょう。3台のスロットマシンがあるとします。この3台の中で一番当たりを引けそうなアームを選択したいのが普通です。お金には限りがあるので、アームを引ける回数も限りがあります。その中でいくつかのアームを引いてみて（探索）、その中で可能性が高そうなアームを引き続ける（検証）のが一般的です。これがバンディット問題における検証と探索のトレードオフです。このようなプロセスを繰り返す中で、報酬を最大化するのがバンディットアルゴリズムです。

バンディットアルゴリズムはオンラインで行う A/B テストのようなイメージです。実際に先ほどのスロットマシンが2台だった場合、これは A/B テストと同じような問題設定として考えられます。検証と探索のバランスを加味して、施策というアームを引き、その実データからリアルタイムにフィードバックし、効果を最大化できる方法です。最適なアルゴリズムも多数存在します [*5]。

また、前節での実験計画でふれたように、複数の水準を設定して複雑な実験を検証したり、複数の A/B テストを同時に行った結果を測ったりするのが多変量テストです。構成が複雑になるだけで、基本的なステップは A/B テストと同様です。

[*5] バンディットアルゴリズムの詳細については、本多淳也, 中村篤祥著「バンディット問題の理論とアルゴリズム」（講談社 , 2016 年）などの解説書を読むとよいでしょう。

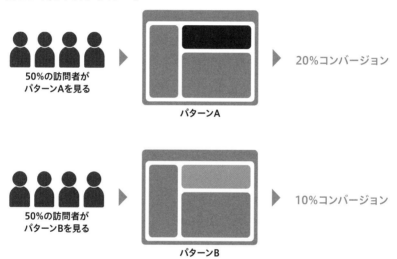

>>> **Next Action** <<<

改善施策を検討したら、実際に A/B テストを実践してみましょう。まず、仮説を立て、それを検証するための条件やサンプルサイズを計算します。実際に A/B テストを行う前に A/A テストできちんと計測が可能かどうかもチェックしましょう。ある程度慣れてきたら多変量テストやバンディットアルゴリズムなども使ってみましょう。

図 8.4　A/B テストのイメージ

50%の訪問者が
パターンAを見る

パターンA

20%コンバージョン

50%の訪問者が
パターンBを見る

パターンB

10%コンバージョン

＊ A/A テストは上記の B も A と同様のもの

8-5 比較の自動化

伊藤徹郎

8

分析結果の評価と改善

対象読者			キーワード
学生	ジュニア	ミドル	効果測定の自動化、ダッシュボード
☐	✓	✓	

本節では施策の比較を自動化に関する解説をします。まず、施策ごとの効果測定を自動化するバッチ処理化について説明します。次にその結果を可視化するダッシュボードを利用し、分析者以外でも効果測定を容易に確認できる方法を説明します。最後にチャットツールへの通知方法、効果について説明します。

施策ごとの効果測定の自動化

前節で解説した A/B テストは、一度実施して終わりではありません。多くのビジネス施策と同様、PDCA サイクルを回すことになります。最初のうちは A/B テストの PDCA サイクルの Check の部分はその都度、アドホックに分析することが多いでしょう。しかし、運用が軌道に乗ってきたら、効果測定（Check 部分）の自動化がお勧めです。ビジネス施策では日時単位の検証が多いため、日時でのバッチ処理などを実行し、施策実施以降の効果を算出できるようにするとメリットが多いです。自動化することのメリットを次に挙げます。

- その都度集計する手間がなくなり、工数を削減できる
- 分析者以外のステークホルダーへの共有が時限式に可能になる
- 別の施策が動き出すときも、集計ロジックを転用できる
- 効果検証の意思決定スピードが速まる

ダッシュボードでの可視化

効果測定を自動化するバッチ処理を構築し、運用し始めたあとは、ほかのステークホルダーも結果を理解できるように**ダッシュボード**で可視化するとよいでしょう[*6]。

オーソドックスな可視化方法は、横軸に日付、縦軸に検証する効果の指標を配置し、凡例に施策の種類がわかるように指定します。また、施策ごとに箱ひげ図を描くことをお勧めします。これにより、厳密に検定を行わなくとも統計的に有意な差があれば、視覚的に理解できるからです。

ダッシュボードを構築すると、分析者以外のメンバーにもすぐに共有できます。これによって、関係者が施策の結果を振り返るようになると、組織の知見が蓄積していきます。これは、さらに知見を蓄積する継続的な学習サイクルが発生している状態です。蓄積した知見をもとに新たな施策が実施されれば、施策の成功確率も上がっていくでしょう。

チャットツールへの測定結果の通知

最後にチャットツールへの測定結果の通知方法を解説します。現在ではSlackやChatworkなどビジネスコミュニケーションにチャットツールを用いる組織も増えているでしょう。

主なコミュニケーションの場がチャットツールであれば、そこに施策の結果や検証プロセスの内容を通知することで、分析者以外のメンバーの関心を引くことができます。ダッシュボードを作ったが活用されないという悩みもよく聞きますが、この方法であれば、日々目にする場所に通知内容が届くため、それを起点にしてコミュニケーションが広がるような活用が期待できるでしょう。注意点としては、定期的な投稿が当たり前になると飽きられてしまうため、見直しを予定しておき、新鮮な印象を与え続けることです。たとえば、四半期に一度は通知内容を見直し、不要なものは削除し、新たな情報を追加するとよいでしょう。

筆者がお勧めするのは、施策のイベント化です。施策実施後の効果の

[*6]　詳しくは次章「第9章 レポーティングとBI」を参照してください。

みを通知するのではなく、その施策の企画段階からプロセスを共有することで、施策が成長するような演出ができます。このように施策のストーリーを見せることで、施策にドキドキ感やワクワク感を演出し、関係者だけでなく閲覧者すべてで一体感を醸成する方法です。検証結果はロジカルであるべきですが、あえてハートフルな部分を届けることで、多くの人に関心を持ってもらえる工夫を意識したいところです。

⟫⟫ Next Action ⟪⟪

施策ごとに効果検証を行い、自動化できるようにバッチ処理を実装しましょう。自動化した効果測定結果は、データ分析者以外にも共有するためにダッシュボードで定常的に見られるようにしましょう。余力があれば、チャットツールとの連携を検討してください。

図 8.5　A/B テストダッシュボードイメージ図

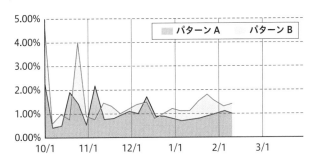

図 8.6　箱ひげ図のイメージ（Google Optimize の結果をもとに作成）

パターン	Imprement	Probability to be Best	Conversion Rate	
パターン A	BaseLine	17%	0.20%　　2.37%	
パターン B	-59% to 1,145%	83%	0.49%　　4.9%	

8

分析結果の評価と改善

第 8 章のチェックリスト

第 8 章では、分析結果の評価と改善方法について解説してきました。
次のチェックリストを参考にして、内容を振り返ってみましょう。

- □ オフライン検証とオンライン検証の見るべき指標の違いについて説明できますか？（→ 8-1 節へ）

- □ モデルのチューニングの実施検討に際し、費用対効果の見積もりがなぜ重要か理由を説明できますか？（→ 8-2 節へ）

- □ 記述統計と推測統計がデータ分析の際にそれぞれどのように役に立つのか説明できますか？（→ 8-3 節へ）

- □ A/A テストとはどのようなものか説明できますか？（→ 8-4 節へ）

- □ 本書で述べている効果測定の自動化のメリットを 4 つ挙げることができますか？（→ 8-5 節へ）

参考図書

「Kaggle で勝つデータ分析の技術」門脇 大輔, 阪田 隆司, 保坂 桂佑, 平松 雄司 著, 技術評論社, 2019 年.

「図解入門 よくわかる最新実験計画法の基本と仕組み」森田 浩 著, 秀和システム, 2010 年.

「サンプルサイズの決め方」永田 靖 著, 朝倉書店, 2003 年.

「A/B テストの教科書」野口 竜司 著, マイナビ出版, 2015 年.

「効果検証入門」安井 翔太 著, 株式会社ホクソエム 監修, 技術評論社, 2019 年.

第 9 章

レポーティングとBI

9-1 分析結果のレポート化
9-2 データ分析から導くアクション
9-3 データドリブンな文化構築を目指すうえで重要な BI ツール
9-4 中間テーブルを用いた効率化

9-1　分析結果のレポート化

油井志郎

対象読者		
学生	ジュニア	ミドル
☐	✅	☐

キーワード

レポートの項目、ネクストアクション

本章では BI（Business Intelligence）ツール、レポーティングについて解説します。データ分析の文化を定着させるには、メンバーそれぞれがデータを理解してメンバー間の認識のずれをなくし、数値に基づいた施策の考案・評価ができる環境を整えることが重要です。これを実現するための近道は、誰もが「課題と分析結果」と「分析から導いた対応策」を理解できるレポートを作ることです。本節では分析結果レポートの重要性について解説します。

レポート項目の検討

　分析結果に記載する**レポートの項目**を検討する際は、いつ、どこで、誰に向けて提出するのかをまず確認してください。

- いつ提出するか
  「7-3 ツール・プログラミング言語の選択」で解説したようにデータ分析には定常的な分析と非定常的な分析があります。定常的（定期的）に提出するレポートは、前回のレポート時の分析結果を入れることで、これまでの分析の流れや改善具合が明確になります。

- どこで提出するか
  社外に展開するレポートの場合、社外秘となる分析結果は入れられません。社内でしか通じない用語や省略された用語は、一般的な言葉に変換するなどの配慮が必要です。また、社内向けでも部署が異なると用語が通じない場合があるので、配慮しましょう。

- 誰に向けて提出するか

　普段から分析に関わる人に向けたレポートか分析の知識が少ない人かなど、レポートを報告する相手によって、どの程度詳細に解説するかが変わります。相手によって分析に使用した手法の説明や分析概要の図などを入れるなど、配慮が必要です。

　データ分析には、仮説をもとに分析する方法と探索的に分析する方法があることを「7-4 目的によるデータ分析手法の違い」でふれました。仮説をもとに分析を進める場合は、目的に沿って分析を進めていけますが、探索的に分析する場合は、今まで把握していなかった数値や分布など新しい発見が分析の途中で見つかり、それに気をとられて本質的な目的を見失うことがよくあります。

　どちらの分析の場合でも当てはまりますが、目的に沿ったレポートを作成するために次で解説する項目の記載を心がけましょう。

レポート項目

- 目的

　「何の課題を解決するためか」です。ときどき見直すことで、目的を見失うことがないようにします。

- 背景

　分析の「目的」を明確にするため、なぜその課題を解決する必要があるのかを記載します。課題が発生した背景や現在の状態などを記載します。誤った結論を導くことを防ぐことにつながります。

- 分析結果

　データ分析の結果と考察です。あとから同じ分析結果を再現できるように、次の項目などを記載しましょう。

　－分析のストーリー（ロジック）

　－期間やサンプル数

　－使用した分析手法の説明

　－分析結果

　－考察

- ネクストアクション
  データ分析の結果をもとに、次に何をするかを記載します。次の項目が挙げられます。
  - 分析結果から検討した施策内容
  - その施策を行うことにした裏付けの数値
  - 追加分析の内容
  - 施策の効果測定を行うときの方法

次項で、ネクストアクションの重要性について説明します。

ネクストアクションの大切さ

とくに非定型的な分析（アドホック分析）の場合、レポートには必ず**ネクストアクション**を記載しましょう。次に行うタスクを明確にして記録を残すことは、振り返りの際に役立ちます。仮説や想定と異なる分析結果が出たときや、分析の目的から外れたときに、過去に記載したネクストアクションを起点にして軌道修正ができます。

PDCA を回すうえでもネクストアクションはとても重要です。たとえば、担当メンバーの変更や分析の内容を忘れてしまったときに、ネクストアクションとレポートの記載項目を参照することで、今までどのように分析を進めてきたかを把握できます。これによって同じ分析をすることなく改善サイクルを回すことに集中できます。目的の達成のためには、振り返りをしながら関係者間で認識合わせを行うことが大切です。できるかぎりネクストアクションを検討し、記載しましょう。次節でアクションの設定方法について詳しく解説します。

定常（定型）レポートの重要性

分析プロジェクトにはさまざまなメンバーが関係し、課題に対する理解度は人それぞれです。たとえば、「あるサービスの売上が徐々に減少している」という課題が発生した際、次に挙げる基本的な数値を把握できなければ議論できません。

- 通常時の売上
- キャンペーン時期の売上
- 会員の年齢構成など

それぞれのメンバーが定常的に数値を確認しておくことが必要です。

ところが、課題の発生に気づいた時点で、どんなアクションをとっても改善できないことがあります。そうなるとデータ分析を行っても手遅れで、改善策は見つかりません。これを防ぐためには日頃から定常的に見なければならない数値を決め、何らかの変化があったタイミングで、よい変化なのか、悪い変化なのかを分析します。悪い変化であれば、早めにアクションを起こして、どのような対策を打つかを検討することが重要です。

人間が定期的に健康診断を受けて、指摘を受けた部分を改善するように、ビジネスでも定常的に数値を把握しておくことで、課題につながる兆候を見つけて早めに対処できるでしょう。

レポート作成の頻度は、データの業種や種類によって異なります。扱うデータについて最適な期間を把握し、定型レポートを作成しましょう。

>>> Next Action <<<

　レポートに記載すべき項目を解説し、定常レポートの重要性と非定常レポートではネクストアクションの記載が有効であることを示しました。プロジェクトを進めるにあたって、定常的に見るべき数値が何か考えてみましょう。

図 9.1　レポートサンプルの記載例

アジェンダの記載例

・目的の確認（方向性のずれ防止）
・スケジュールの確認（現在の進捗など）
・○○の分析結果
・確認事項
・ネクストアクション

目的・背景の記載例

・目的
　− ○○の売上が減少しているので、改善を行いたいため
・背景
　− 競合の△△が、×月×日に新商品を売り出し、自社の○○の売れ行きが
　　×月×日に減衰を始めた

スケジュールの記載例

スケジュール

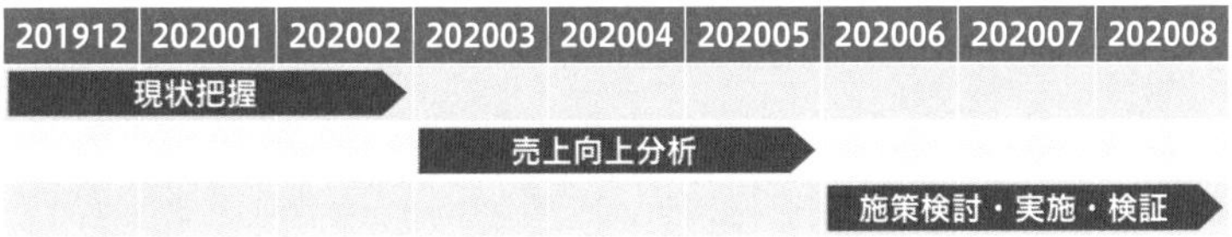

201912	202001	202002	202003	202004	202005	202006	202007	202008
現状把握								
		売上向上分析						
						施策検討・実施・検証		

結果の記載例

・○○の売上減少結果から、売上減少前とあとを比較
　− 売上減少前のユーザーをクラスタリングし基礎集計
・対象データ期間：2020 年○月○日〜2020 年△月△日
・使用した分析手法：k-means
　− アルゴリズム概要を記載
・分析結果
　− クラスタの基礎集計を記載
・考察
　− 気づきや考察を記載

確認事項の記載例

・○○データのテーブル定義内容（日付、担当者）
・△△データの抽出日（日付、担当者）

ネクストアクションの記載例

・○○の売上減少後の購入ユーザー状況把握（日付、担当者）
・△△基礎集計（日付、担当者）

データ分析から導くアクション

油井志郎

対象読者			キーワード
学生	ジュニア	ミドル	分析目的、費用対効果
☐	☑	☐	

データ分析が終わったら、どんなアクションで改善するかの検討が必要です。本節では、どのような観点でアクションを検討していくか解説します。

アクションは目的からずれないように

　課題と分析結果の関係についてレポートにまとめているときに、新たな気づきを得られることがよくあります。

　たとえば、優良顧客を増やすために分析を行い、その結果から何らかのキャンペーンを実施するレポートを作成する場面を考えます。このとき、優良顧客にフォーカスして、どんな商品をどのくらいの金額で、どれほどの頻度で購入するかなどを分析した結果と合わせて、比較できるよう新規顧客の情報と併記することもあります。ここで、新規顧客の離脱率が大きく、改善が必要という新たな気づきを得られたとします。

　新規顧客の離脱率を改善できれば、大きなビジネスチャンスとなるため、同時にこちらのアクションプランを検討したくなります。しかし、そんなときは本来の**分析目的**を思い出してください。対象や目的が違う施策を同時に行うと、次のような問題が生じます。

- 作業工数の不足
- 効果検証の方法が複雑化

　まずは今回の目的である優良顧客向けの施策について検討すべきで、そのあとで新規顧客向け施策の検討を行いましょう[*1]。

　アクションにかかるコストや改善による売上への影響から、どちらを優先すべきかの検討が必要です。今何のために分析しているのかを明確にし、目的からずれないようアクションプランを検討しましょう。

▋▍ アクション実行に対する障害

　分析レポートにネクストアクションを記載する重要性は前節で解説しました。しかし、分析レポートの報告をしたあとに、アクションを実行できないことがあります。

　アクションを実行できない原因として、次が挙げられます。

- 多大なコスト（費用や時間）がかかる
- アクション実行における関係者との連携がとれない

　コストについては、**費用対効果**（実行コストと改善による売上への影響を比較検討）を考える必要があります。

　たとえば、製造ラインに不良品が多いという課題のもとで分析を行った結果、A の工程で B という材料に問題があると把握できたため、「B の材料を C に交換すれば不良品が減少する」というアクションプランを立てたとします。しかし、C を採用すると原価が上がり、商品を作るごとに1,000 円の赤字になってしまうのであれば、不良品改善を行うという目的は達成できますが、これでは本末転倒です。

　関係者との連携に問題があってアクションを実行できない場合もあります。その際は、実行計画を作成する、追加分析を行ってコストに見合うほど重要なアクションであることを明確にするなどの方法が考えられ、担当者への丁寧な説明が必要です。

　コストや関係者間の連携の問題であれば、調整次第でアクションを実行できることもありますが、これら以外の理由でそもそもアクションを

[*1]　新規ユーザー向けの施策には、多変量テストを実施することがあり、詳細はここでふれません。多変量テストについては「8-4 A/B テストや A/A テスト」に記載があります。

実行できないことがあります。

　たとえば、EC サイトの顧客離脱率の改善を目的に分析を行った結果、内部（EC サイトの利便性、コールセンターの対応など、自社の管理領域）要因ではなく外部要因により離脱が多発していると把握できたとします。EC サイト内部で問題が起きていれば改善はできます。しかし、外部要因（他社の EC サイト商品の売れ行きや景気変動など）が原因の場合、クローラー[*2] などを使用して外部サイトの情報を集めることはできても、外部要因に対してアクションをとることはできず、現状を把握するのみで終わってしまいます。

　現状把握は重要ですが、それにとどまらずアクションに移すことが大切です。次のような項目を確認しながら、アクションを検討しましょう。

- 分析結果から導いたアクションが実現可能か
- どの程度コストがかかるのか
- どれだけ効果が出そうか
- 効果検証は可能か

>>> Next Action <<<

　アクションを実行する際のポイントとして、目的からずれないことと費用対効果や関係者との調整が必要になること、また外部要因にとらわれることなく実行できるアクションが重要であると解説しました。プロジェクトの外部要因と内部要因が何かを考えてみましょう。

[*2]　Web 上を巡回し、テキストなど取得するプログラム。

9　レポーティングとBI

図 9.2　費用対効果でアクションを検討する例

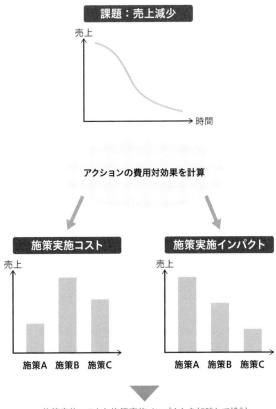

データドリブンな文化構築を目指すうえで重要な BI ツール

油井志郎

対象読者			キーワード
学生	ジュニア	ミドル	データドリブン、BI ツール
☐	✓	✓	

データ分析の結果を受けて、次のアクションを決定することが主流となりつつあります。データを分析・確認できるツールはたくさんありますが、本節では、データドリブンな文化を定着させるにあたって便利な BI ツールを紹介します。

BI ツールの必要性

　データドリブンな文化を定着させるためには、すべてのメンバーがデータについて理解し、同じ目線で話し合える状態を作ることが必要です。集計やグラフ作成、レポーティングを行い、数値が苦手な人でも理解しやすいような形にしておくと理解が進みます。そこでお勧めなのが**BI ツール**です。

　BI ツールが登場する前は、集計や可視化をExcelで行い、自動レポーティングシステムなどを構築するにはプログラミングが必要でした。これでは、分析結果の出力までに時間がかかるうえに、特定のプログラム言語やExcel関数などの知識を持つ人しか作業できないという課題がありました。

　BI ツールを使用すれば、特定のスキルを持たない方でも、集計や可視化に加えて、集計軸を変更してインタラクティブにデータを操作でき、直感的にデータを把握できるようになります。

BI ツールのおもな機能

ほとんどの BI ツールが次のような機能を持ちます。

- 大規模データへのアクセスと操作
- データ加工
- 集計と可視化
- レポーティング

　たとえば、女性の年代ごとの売上についてのグラフを作成したあとに、男性バージョンを作成する必要があったとします。Excel や自社開発システムの場合は、まず抽出条件の設定を男性に変更してデータを再取得し、グラフ作成の設定も変更する手間がかかります。一方 BI ツールでは、条件変更・データ取得・グラフ作成の 3 つを手軽にできるので、作業時間を大幅に短縮できます。会議中などすぐにデータを確認したいときであっても、その場で対応できます。

　また、さまざまな種類の見栄えのよいグラフテンプレートが用意されていること、リアルタイム・日ごとなど柔軟にデータ更新のタイミングを指定できることも、BI ツールを使用するメリットです。

　簡単にデータを確認できること、データ分析をして改善策や次のアクションを検討できる環境を作ることは、データドリブンな文化構築への近道です。

BI ツールの使用例

ここでは、BI ツールが活用される場面を紹介します。

- リアルタイムでの共有
  会議用に作成したレポートに記載のない数値を見たい場合でも、BI ツールを使用すればその場で集計や可視化ができます[*3]。さらに集計軸を簡単に変更して出力できるため、会議をスムーズに進めることができます。軸を切り替えながら複数人で確認することでデータの新たな側面が見えることもあります。

[*3]　必要なデータを読み込んでいる、またはデータベースに接続している必要があります。

- 施策のリアルタイム確認

  キャンペーン施策などの結果をすぐ把握したい場合、事前に設定することで、キャンペーンの開始時点から反応をリアルタイムで確認できる BI ツールがあります。施策の状況をリアルタイムで確認できるので、改善のための意思決定が早くなります。

- 定型レポート

  日ごとや週ごと、月ごとのレポートの集計や可視化など定型的な作業を設定すれば、自動で処理できます。作業の実行忘れや、データ加工条件の指定漏れなど人為的なミスを防ぐことができます。

- 移動中のレポート結果確認

  スマートフォンやタブレットからの閲覧ができる BI ツール [4] があります。PCのバッテリーがないときや営業先など外出先で確認したいときに便利です。

代表的な BI ツール

次におもな BI ツールを挙げます。

Tableau
https://www.tableau.com/ja-jp

Power BI（Microsoft）
https://powerbi.microsoft.com/ja-jp/

Domo
https://www.domo.com/jp

QuickSight（Amazon）
https://aws.amazon.com/jp/quicksight/

Data Portal（Google）
https://marketingplatform.google.com/intl/ja/about/data-studio/

Looker
https://ja.looker.com/platform/overview

BI ツールにはさまざまな種類があり、それぞれ特化する機能は異なる

---

[4]　次項に挙げる BI ツールは、スマートフォンで閲覧できます。

ため、それを確認したうえで選定してください。また、頻繁に機能改修が行われ、導入コスト・ランニングコストの基準が異なるため、公式サイトに問い合わせて導入を検討しましょう。

　予算に余裕がない場合は、BI ツールをリーズナブルに使用できる Amazon QuickSight、Data Portal がお勧めです。予算に余裕がある場合は、ドラッグアンドドロップで操作でき、超高速で美しいグラフを作成できる Tableau、Google Analytics や Azure Machine Learning との接続が可能な Microsoft Power BI、Domo、Looker の導入も検討してはいかがでしょうか。Tableau は導入している企業が多く、使用方法について書籍も多数出版されています。

>>> **Next Action** <<<

　使用例を見ながら、データドリブンな文化を構築するために BI ツールが重要であることを解説しました。用途を確認し、導入を検討しましょう。

図 9.3　BI ツール使用例（導入メリット）

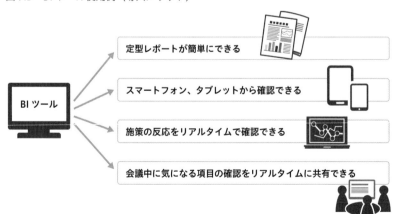

中間テーブルを用いた効率化

油井志郎

対象読者			キーワード
学生	ジュニア	ミドル	SQL、中間テーブル
☐	☑	☐	

必要なときにスピーディに分析できることが、すばやい意思決定につながります。本節では、効率のよい分析環境について解説します。

BI ツールにおける処理

　ほとんどの**BI ツール**は、SQL を書かなくても、ボタン操作のみでデータベースにアクセスし、データの取得や加工ができます。

　BI ツールでデータの加工から分析や可視化までを一貫して行うと、工数がかからずコストを抑えられると考えがちです。しかし、BI ツールですべて行うことはお勧めしません。デメリットとして 2 つ挙げられます。1 つめは、処理に時間がかかることです。BI ツールを介して SQL の処理が行われるため、データの抽出・加工の速度が遅く、グラフの表示に時間がかかります。2 つめは、BI ツール内で加工したデータのエクスポート形式に csv 形式や txt 形式を選択できないことです。BI ツールでクロス集計などを行った結果を、PowerPoint や Excel などで使用したい場合には、ほかのツールを用いて始めから作成しなおす必要があります。

　データの取得や加工などは、**SQL** で行ったほうが保守コストが下がり、処理速度は格段に上がります。SQL には、ウィンドウ関数（1 週間ごとの集計やランキング集計など、数式を作成するには複雑な処理を、関数に当てはめて処理できる機能）が豊富に用意されています。同様の機能を

備えている BI ツールもありますが、複雑な集計や加工は SQL のほうが高速です。

　BI ツールは日々進化し、さまざまな機能が追加されています。レポーティングや可視化以外にもデータの加工や取得の機能を使用できますが、処理速度や保守性をふまえて用途を検討しましょう。

分析や可視化用の中間テーブル

　分析や可視化を行う際に、作業の効率化・保守性や処理速度の向上のために、もとのデータとは別に**中間テーブル**を作成することがあります。すべてのデータにアクセスして分析や可視化をすることもできますが、データ量が増えると処理速度が遅くなります。そこで、使用用途に分けて中間テーブルを作成します。

　データを保存しているシステムが組織内に複数あり、1 つのデータベースにアクセスするだけでは必要な情報をすべて取得できない場合もあります。そのような場合には、データの保存目的ではなく、分析や可視化用にテーブルを構築します[5]。

- 分析用中間テーブル

  使用するデータをすべて中間テーブル化すると、作業効率は改善されますが、テーブル数が多くなり保守のコストが上がってしまい、逆に非効率になります。アクセスが多い順にテーブル構築を進めるとよいでしょう。

  また、データの種類が膨大になると、分析に使用する中間テーブルを構築するために、複数のデータベースの横断や、数十個のテーブルからのデータ取得が必要になります。管理が複雑になるため、用途や使用頻度を確認しながら構築を検討しましょう。

- 可視化用中間テーブル

  BI ツール内でもデータの抽出・加工ができます。しかし、BI ツールを介して SQL の処理を行うので、SQL のみの操作よりも処理速度が遅くなることについては先にふれました。

---

[5]　データベース構築の詳細については「10-5 業務用データベースと分析用データベース」を参照してください。

表示に必要なデータが集約されている中間テーブルを直接 BI ツールに接続すると、複雑なデータ加工を行わず、表示（グラフやクロス集計の表示）のみを行うので、処理時間が短くなることが多いです。

分析用の中間テーブルと同様に、使用頻度が低い中間テーブルを作成すると管理コストが大きくなります。高頻度で可視化に利用するデータの場合、または可視化するまでのデータ加工が複雑で処理に時間がかかるという場合に、中間テーブル化を検討しましょう。

　分析用・可視化用中間テーブルは「1ヵ月使用しない場合は削除する」などルールを決めて運用すれば、無駄なテーブルを作らず効率化できます。

>>> **Next Action** <<<

中間テーブルが分析の効率化につながることを解説しました。BI ツールと SQL の用途を確認し、中間テーブル作成と削除ルールを検討しましょう。

9

レポーティングとBI

図 9.4　中間テーブルの役割

直接データ元から抽出して中間テーブルを作成していないので
複雑な処理が多く処理速度が遅い、コードの保守性が弱い

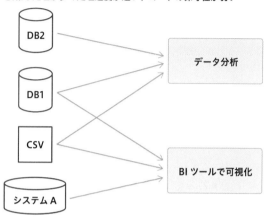

直接データ元から抽出せずに中間テーブルを作ることにより
処理速度を向上させ、コードの保守性を保つ

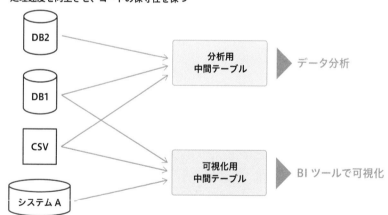

第 9 章のチェックリスト

第 9 章では、レポートの重要性や BI ツールについて解説してきました。次のチェックリストを参考にして、内容を振り返ってみましょう。

☐ レポート作成の際に把握すべき 3 つの項目について挙げることができますか？（→ 9-1 節へ）

☐ 分析結果からのアクションの実施検討の際に考慮すべき 4 つのポイントを挙げることができますか？（→ 9-2 節へ）

☐ BI ツールの必要性やメリットについて説明できますか？（→ 9-3 節へ）

☐ データ分析における中間テーブルについて説明できますか？（→ 9-4 節へ）

参考図書

「Tableau による最強・最速のデータ可視化テクニック ～データ加工からダッシュボード作成まで～」松島 七衣 著, 翔泳社, 2019 年.

「Tableau データ分析 ～入門から実践まで～ 第 2 版」小野 泰輔, 清水 隆介, 前田 周輝, 三好 淳一, 山口 将央 著, 秀和システム, 2019 年.

「できる Power BI データ集計・分析・可視化ノウハウが身に付く本」奥田 理恵, できるシリーズ編集部 著, インプレス, 2019.

第 **10** 章

データ分析基盤の構築と運用

10-1 データ基盤を作る前に考えること

10-2 データ基盤を作らずに済む方法を考える（その1）

10-3 データ基盤を作らずに済む方法を考える（その2）

10-4 クラウドの選定

10-5 業務用データベースと分析用データベース

10-6 データの種類とデータ基盤設計

10-7 AI実運用のためのスキルセット

データ基盤を作る前に考えること

西原成輝

対象読者			キーワード
学生	ジュニア	ミドル	新規事業創出、業務プロセス
☐	☐	☑	

データ基盤を作る目的は何でしょうか？ 本節ではデータ分析や機械学習、いわゆる「AI」を使った新規プロジェクトを始める前に考えるべきことを解説します。具体的には、新規事業創出と既存事業の改善ではどちらの方向性に進むべきかのヒントを提示します。

何のためにデータ基盤を作るのか

　「AIを活用するにはデータが重要だ」という意見をよく聞くと思います。これだけを耳にすると、「まずはデータをためるところからスタートしよう！」と目的もなしに始めてしまう方もいるのではないでしょうか。でも少し落ち着いてください。データをためる目的は何でしょうか？ データを集めるのはいいのですが、どのように事業に利益をもたらすかをイメージしないと、何のためにデータ分析や機械学習を行っているのか迷子になりがちです。

　データ分析や機械学習を利用したプロジェクトを成功させるためには、質のよいデータが必須ということに疑う余地はありませんが、必ずその先の**利益貢献**や**ビジネス貢献**を見すえてデータをためてください。

既存事業の中でデータをためられないか考える

　AIは**新規事業創出**における銀の弾丸と考えられている節があります。

AIと新規事業創出はしばしばセットで語られ、AIですべての課題を解決できる（この場合は新規事業を創り出せる）と思われがちですが、そんな夢物語はありません。AI・データ分析プロジェクトは新規事業創出のみに適用されるわけではありません。新規プロジェクトを始める前に、次の項目の検討をお勧めします。

1. 既存事業の中でデータをためる
2. データ分析で既存プロセスの改善を行う
3. 最後に機械学習を適用し、プロセス改善を自動化する

これを勧める理由は、新規プロジェクトより、既存事業の中でAIを適用したほうが利益に貢献しやすいからです。AIプロジェクトを起ち上げるノウハウを持った人材もまだ市場に出回ってはいませんし、データ基盤や機械学習システムを安定運用するためには、莫大なシステムと人材への投資が必要です。こういった点からも、ただでさえ難しい新規事業の創出をAIで解決しようとするのはさらに難易度が高いことがわかるでしょう。

既存事業の中でデータをためるにあたって、今動いている業務プロセスの中から、有益なデータを蓄積できるかを考えます。たとえば、顧客から何らかのアンケートを集計する作業は、どんな事業でも起こりうる業務の1つですが、もしアンケートが紙で保存されているなら、それをデジタル化してデータとしてためるべきです。アンケートデータを蓄積することで、過去から現在にわたる顧客の意見や思考の変化を客観的に理解できますし、データが蓄積され続ければ顧客属性の分類や感性分析を機械学習で行うこともできます。

さすがに現行の業務プロセスのデータ蓄積くらいはすでに行っていると主張される方も多いと思います。では、その蓄積したデータが、分析や機械学習を実行できるように「きれいで整った」状態であると自信を持って言える企業はどれくらいあるでしょうか。膨大なデータをためても、「汚い」データが保管されていて、実際にはまったく使われないケースをよく聞きます。

AIで新規事業だと意気込む前に、まずは既存の業務プロセスの中でデー

タ化できるところはないか、また、データ化する際にきちんとクリーニングされた状態で格納されているかを見直すほうがよほど大切です。

基盤を作る対象

アンケートの例を引き続き用いると、アンケートの集計作業が一度きりであれば、基盤を作成してデータを蓄積する必要はありません。データ基盤の構築には前述したように多大な投資が必要になるので、次のような業務のみ検討してください。

- 繰り返し行われる業務である
- 利益に結び付く業務である

また、構築する際は既存の**業務プロセス**の見直しも忘れずに行ってください。そもそも適切ではない業務プロセス上でデータを蓄積しても意味がありません。基盤を作ることで前処理が簡略化され、データ分析や機械学習の適用から業務プロセス改善のサイクルが高速で回るようになります。

>>> **Next Action** <<<

データ基盤を作る前に、まずは既存の業務プロセスを見直しましょう。また、AI も用いて新規事業を検討するのではなく、既存事業の中でデータ活用ができないか検討してみましょう。

図 10.1 機械学習を適用するまでの道のり

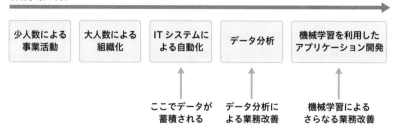

参考 https://www.coursera.org/learn/google-machine-learning-jp

10

データ分析基盤の構築と運用

図 10.2 基盤を作る前に考えること

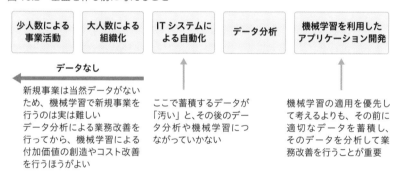

205

COLUMN 機械学習プロジェクトにおける実験から本番運用までの
流れ

機械学習プロジェクトは、次のような流れで行います[*1]。

1.データベースと連携（次節以降で解説）
2.データ分析
3.データの前処理
4.モデルのトレーニング
5.モデルの評価
6.モデルのデプロイ
7.モデルのモニタリング

まず、課題に合わせてさまざまなデータソースから、1. データを抽出し、必要に応じてデータを統合します。その後、2. データ分析で、EDA（探索的データ分析）を行います。EDA は、データを理解し、モデルに組み込むデータや前処理方法を検討するために行います。EDA でデータを理解したあとは、3. データの前処理を行います。データのクリーニング、特徴エンジニアリングのほか、トレーニング用と検証用に分割する作業もこの段階で行います。前処理が完了したら、4. モデルの学習を行います。適切なアルゴリズムを選択し、ハイパーパラメータのチューニングを行います。学習が終わったら、5. モデルの評価を行い、予測性能が十分であることを確認します。最後に、6. モデルのデプロイを行います。デプロイは、サーバ側に行うパターンとエッジ側（モバイルデバイスなど）に行うパターンが存在します。モデルのデプロイ後は、7. モデルのモニタリングを行い、本番環境で予測性能が機能しているか定期的な確認を行います。

---

*1 参考：「MLOps: 機械学習における継続的デリバリーと自動化のパイプライン」
https://cloud.google.com/solutions/machine-learning/mlops-continuous-delivery-and-
automation-pipelines-in-machine-learning

　これらのプロセスはできるかぎり自動化されているのが理想です。しかし、すべて自動化するとシステムが複雑になるため、ビジネス要件を考慮して特定の部分は手動で行うなどの割り切りも必要です。また、最新のアルゴリズムを使用したり、学習させるデータを変更するなど、精度改善に向けてこのプロセスを繰り返したほうがよいのですが、精度はかけた時間に比例して上がるわけではありません。性能がビジネス要件を満たす場合は、別の課題に新たに取り組むといった判断もありえます。

　本番運用で最も大切なプロセスが、7. モデルのモニタリングです。機械学習のタスクによっては本番運用後にモデルのパフォーマンスが大幅に劣化することがあり、モニタリングをしなければ性能劣化を検知できません。5. モデルの評価を行っているため、デプロイ直後は期待する性能が出ますが、学習時のデータからデプロイ後の新規入力データのパターンが変わると性能は劣化します。たとえば、ファッション業界の課題を機械学習で解く際に、ファッションのトレンドが変わると、以前のデータで学習したモデルは、トレンド変化後には機能しない可能性が高いです。その場合は、新しいトレンドを含むデータでモデルを再学習する必要があります。再学習の必要性の頻度は、課題やドメイン（業界や事業についての知見）によりけりです。ファッション業界など、データのパターンが変わりやすい業界では頻度が高くなる傾向があります。いずれにせよ、機械学習のモデルの精度はデプロイ直後が最も高く、その後、再学習しなければ下がる一方だと頭に入れて、パフォーマンスの劣化を検知するモニタリングは必ず継続的に行ってください。

10

データ分析基盤の構築と運用

データ基盤を作らずに済む方法を考える（その 1）

西原成輝

対象読者

学生 ☐　ジュニア ☐　ミドル ☑

キーワード

API、カスタムモデル

データ基盤の構築には多大なる投資が必要です。大規模投資を行う前に、まずはデータ基盤を構築せずに問題を解決する方法がないのか考えてみましょう。

PoC ／仮説検証段階でシステムを作り込まない

データ基盤の構築には莫大な投資が必要なため、PoC の段階では、安価で迅速にコンセプトを検証できるクラウド事業者のフルマネージドサービス [*2] を最大限活用することをお勧めします。

「少量」のデータを分析や機械学習に一度だけ適用するのと、それを継続的に安定運用するシステムに落とし込むのは、難易度にかなりの差があります。機械学習はそのロジック（いわゆるアルゴリズム）部分が重要な要素です。しかし、システムとしての機械学習を考えたとき、そのアルゴリズム自体はシステム全体からするとほんの一部でしかなく、いざ本番環境で運用するには検討すべき機能が数多く存在します。たとえば、次のような機能です。

- 機械学習モデルを実行するための基盤
- 機械学習の精度が落ちていないことを確認するためのモニタリング機能

[*2] クラウドコンピューティングにおける利用形態の 1 つ。コンピューティングリソースの貸し出しだけでなく、保守・運用までクラウド事業者が行ってくれる。

- データベースに新たに入力されたデータが誤った値でないかチェックするバリデーション機能
- 機械学習のモデルを再学習する機能

　AIプロジェクトがPoCという名目で数多く実施されたものの、実稼働しているケースが少ないと言われるのは、今挙げた機能以外にも考えるべきことが多いからでしょう。前述したフルマネージドサービスを利用し、本番環境への落とし込みのハードルをどれだけ下げられるかが成功の秘訣です。

API利用VSカスタムモデル構築

　クラウド事業者が提供する機械学習用の **API** は、マネージドサービスの中でも最も手軽に利用できます。たとえば、Google Cloudが提供しているVisionAPIやCloud Natural Language APIを利用すれば、手軽に画像や文字データを分析できます。システムに組み込む際も、既存システムからAPIを呼び出すだけで済むため、前述した本番運用で検討すべき面倒なことはクラウド事業者に任せることができます。

　前述のAPIよりも、より柔軟性や精度向上を求める場合は、機械学習ライブラリで自作した**カスタムモデル**を利用します。カスタムモデルを構築するには、モデリングやプログラミングの知識に長けたデータサイエンティストや機械学習エンジニアを雇う必要があり、前述した本番運用での課題もすべて考慮する必要があります。APIで提供されているモデルが自社の課題に適用できなくても、カスタムモデルなら適用できる可能性があります。またビジネス課題に変化があっても、自社でモデルを構築できる環境があれば迅速に対応できます。

まずはAPIの利用を検討する

　前述のとおり、APIの利用とカスタムモデルの構築は、カスタマイズ性と手軽さのトレードオフの関係にあります。どちらの方向性で進めるべきかは組織の状況によりますが、まずはAPIを利用することで課題を

解決できるか検討するのがいいでしょう。

　カスタムモデルの構築に比べて、APIの利用はユーザー数が少ない初期においては、圧倒的にコスト（とくに時間）を節約できます。カスタムモデルの構築はコスト面の問題に加えて、有能なデータサイエンティストや機械学習エンジニアの採用が難しいという人材市場における問題もあいまって、初手としてはハードルが高いです[*3]。APIを既存システムに組み込んでプロトタイプを作成しつつ、実現したい機能に本当に価値が存在するのか仮説検証を進めることが成功への第一歩です。

>>> Next Action <<<

　データ基盤構築を始める前に、各クラウド事業者が提供している機械学習APIについて調べてみましょう。それを利用するだけでも数多くの課題を解決できます。

[*3]　人材を外部から採用する場合については「11-6 外部リソースの活用」を参考にしてください。

図 10.3　AI システムにおける PoC と実運用の壁 [*4]

実運用するためには定期的なデータ収集や、それを維持するための基盤が必要

図 10.4　API 利用とカスタムモデル構築のトレードオフ

---

*4　D. Sculley et al. 「Hidden Technical Debt in Machine Learning Systems」 (2015). https://
papers.nips.cc/paper/5656-hidden-technical-debt-in-machine-learning-systems.pdf の
fig1 を参考に筆者が作成。
「Only a small fraction of real-world ML systems is composed of the ML codes, as shown
by the small black box in the middle. The required surronunding infrastructure is vast
and complex.」
実世界の機械学習システムのうち、機械学習のコードは中央の小さな黒い箱で示されるよ
うにごく一部に過ぎない。一方で必要とされるインフラは膨大かつ複雑（筆者訳）。

データ基盤を作らずに済む方法を考える（その 2）

西原成輝

対象読者			キーワード
学生	ジュニア	ミドル	AutoML
☐	☐	☑	

基盤を作らずに済ませる手段として、API を利用する以外に AutoML 系のサービスの利用が考えられます。本節では機械学習プロセスを自動化する AutoML について解説します。

AutoML とは

AutoML とは次の機械学習のプロセスを自動化するための技術です。

- データの前処理（データクリーニング、特徴エンジニアリング）
- モデルのトレーニング（適切なアルゴリズムの選択、ハイパーパラメータチューニング）
- モデルの評価

これらを手動で行うには非常に手間がかかりますが、AutoML は各プロセスを自動化することで、生産性を向上させ、誰でも機械学習を適用できる環境を提供します。DataRobot 社の DataRobot、Google の Google Cloud AutoML などは、これらのプロセスの自動化に加え、開発時の学習環境の準備や学習済みモデルを簡単にデプロイできるため、基盤部分を意識せず利用できます。

そのため、カスタムモデルをオンプレミスで運用するよりもはるかに少ない工数で、機械学習システムを作成できます。カスタマイズ性と手

軽さでは、前節で言及したAPI利用とカスタムモデル構築の間に位置します。

　AutoMLを利用した際の精度についても問題ありません。Googleの AutoMLがテーブルデータを対象にしたコンペティション[*5]で上位の成績を収めたことからも、非常に高い性能を有していることがわかります。 API利用で課題を解決できない場合はこういったAutoML系のサービスを検討するのがお勧めです。

AutoMLを利用するメリット

　AutoMLは機械学習のプロセスを自動化してくれますが、データそのものはユーザー自身が用意する必要があります。そのためAPIを利用するよりも工数がかかりますが、自社の課題に特有のデータを使える点で、 API利用よりカスタマイズ性があります。すなわち、API利用だけでは解けなかった課題でも、AutoML系サービスを使えば解ける可能性があります。

　データの前処理などのプロセスは非常に手間がかかると前述しました。 重要なプロセスではあるのですが、「ビジネス上の課題を解く」という観点では本質的な部分とは言えません。こういった本質的ではない部分を自動化してくれる意味でAutoMLは有用な技術と言えます。

AutoMLがあればデータサイエンティストは 不要になるか？

　AutoMLサービスは誰でも機械学習を使えるとふれ込んでおり、これを聞くとデータサイエンティストを雇わなくてもよいと考えがちです。 しかし、こういったサービスを使う場合でも、データサイエンティストは雇用すべきです。

　AIプロジェクトにおいて最も難しいのは、どんな問題をAIで解くべ

[*5]　「GoogleのAutoMLがKaggleDaysでの表形式データのコンペで第2位に」
　　　https://developers-jp.googleblog.com/2019/06/google-automl-kaggledays-2.html

きかを検討する課題設定であり、そこは AutoML がいくら進化しても自動化できません。データサイエンティストの存在価値は機械学習のプロセスを手順どおり実行することではなく、AI で解くべき課題設定を適切に行い、利益に貢献することです。AutoML によって課題を設定することに注力でき、むしろ「本物の」データサイエンティストの価値はより向上するでしょう。

>>> Next Action <<<

AutoML 系のサービスについて調べてみましょう。AutoML サービスを利用すれば、機械学習 API を利用するよりも問題解決の幅が広がります。

図 10.5　機械学習で必要な 3 つの環境

AutoML 系サービスは機械学習のプロセスを自動化するうえ、これらの環境を簡単な設定で用意できる

10-4　クラウドの選定

西原成輝

対象読者			キーワード

学生	ジュニア	ミドル
☐	☑	☑

AWS、Azure、GCP

データ基盤構築の前にクラウドのフルマネージドサービスを活用するのも1つの手であることを前述しました。本節では各種クラウドサービスの特徴を示し、クラウドサービスを選定するときのヒントを提示します。選定する際の注意点や見積もり方法を具体的に紹介します。

■ どのクラウドサービスを使えばいいのか？

　おもなクラウドサービスは、Amazon が運営する AWS（Amazon Web Service）、Microsoft が運営する Azure、Google が運営する GCP（Google Cloud Platform）の3つです。

　調査会社のレポートによるとクラウドサービスのシェアは AWS が31％を占め、圧倒的なシェアを誇ります。執筆時点では Azure20％、その次に GCP6％といった様相です[6]。その他のクラウドサービスのシェアは37％ですが、右肩下がりで、今後もこの傾向は続くと考えられます。当面はこの3つの事業者からクラウドサービスを選択することになるでしょう。

　もちろんそれぞれのプロジェクトや自身が所属する組織によると前置きしたうえですが、どのクラウドサービスを使っても大きな差はありま

---

[6]　Canalys「Global cloud services market Q2 2020」https://www.canalys.com/newsroom/worldwide-cloud-infrastructure-services-Q2-2020

せん。というのも、どの事業者においてもクラウドサービスは稼ぎ頭の事業であるため、仮に他社と比べて足りないサービスがあったとしても、すぐ追従して同様のサービスをリリースする流れがあるからです。そのため、特定のクラウドサービスでないと実現できない機能やサービス、サポートは限られています。

　クラウドサービスの選択に制約条件がなければ、圧倒的シェアを占める AWS を選択するのが無難です。

　シェアを誇るがゆえに、ほかのクラウドサービスより一歩抜きん出ている印象で、新しいサービスはまず AWS が発表する傾向があります。また、他社クラウドよりもエンジニアを確保しやすいので、人員確保の観点でもプロジェクトのリスクヘッジになるでしょう。

▌ 大規模データ分析・機械学習を行うなら GCP を選択

　GCP は、AI、ビッグデータ関連の機能において、ほかのクラウドサービスより一歩抜きん出ている印象です。とくに GCP の BigQuery は AWS の RedShift と異なるアーキテクチャを採用し、エンジニア観点で非常に使いやすいデータウェアハウスです。

　両者は課金体系が異なっており、BigQuery はデータスキャン量に応じた従量課金 [*7]、RedShift は動かした時間に応じた時間課金です。RedShift のほうが月々の料金を容易に予測できるメリットがあるものの、BigQuery のスケーラビリティによる恩恵にはかないません。BigQuery は大規模データをフルスキャンしても高速でクエリが終了し、計算リソースを意識しなくてよい作りになっています。そのため、データ基盤の運用の煩雑さを大幅に軽減できます。BigQuery を利用して高額請求が来た人の記事が以前話題 [*8] になり、BigQuery は高いというイメージを持つ人

[*7]　定額料金プランも存在します。クエリを発行する前に料金を見積もることができる機能も存在します。

[*8]　「BigQuery で 150 万溶かした人の顔」
https://qiita.com/itkr/items/745d54c781badc148bb9

もいますが、1TB ごとに $5（毎月 1TB まで無料）とそこまで高くありません[*9]。

さらには BigQuery 上で機械学習ができる BigQueryML など、各種機械学習サービスも充実しています。DWH に BigQuery を採用しないことは大罪であるとの意見[*10]もありますが、筆者もおおむね同意見で、分析基盤を作るなら BigQuery がある GCP の採用を強くお勧めします。

>>> Next Action <<<

各種クラウドサービスについて調べてみましょう。とくにこだわりがなければ、シェアが最も大きい AWS から学んでいくのがベターです。データ分析基盤を作るなら GCP を選択しましょう。

表 10.1　クラウドサービスのシェア[*11]

クラウドサービス	2019Q2	2020Q1	2020Q2
AWS	31%	32%	31%
Microsoft Azure	18%	17%	20%
Google Cloud	5%	6%	6%
Alibaba Cloud	4%	5%	5%
Others	41%	38%	37%

10

データ分析基盤の構築と運用

[*9]　実際にはデータ保存やストリーミングによる挿入にも料金が発生するため、詳細は料金計算ツールで見積もりを出してください。https://cloud.google.com/bigquery/docs/estimate-costs?hl=ja

[*10]　http://uma66.hateblo.jp/entry/2019/10/17/012049

[*11]　Canalys「Global cloud services market Q2 2020」を参考に筆者が作成。
https://www.canalys.com/newsroom/worldwide-cloud-infrastructure-services-Q2-2020

10-5 業務用データベースと分析用データベース

西原成輝

対象読者			キーワード
学生	ジュニア	ミドル	データウェアハウス、RDB、NoSQL
☐	✓	✓	

クラウド事業者が提供する多様なデータベースサービスを適切に選択できるようデータベースの種類について解説します。

なぜ DWH で分析基盤を作るのか？

　業務で利用している既存のデータベース（DB）があるのに、なぜわざわざ**データウェアハウス**（DWH）を作る必要があるのか疑問に思ったことはないでしょうか。それは業務で使われる DB と分析用に用いられる DB の用途が異なり、それに応じて求められる特性が異なるからです。

　たとえば、Web サービスを利用していて、10 秒以上反応が返ってこないとそのサービスを使うことはもうないでしょう。ユーザー向けサービスで利用する DB はレスポンスタイムの許容時間が短いです[12]。また、業務用DBにはトランザクションやロールバック機能[13]が必須です。一方で、分析用 DB のレスポンスは業務用 DB に比べるとレスポンスタイムの許容時間が長いです[14]。また、過去のデータを分析して未来の傾向を予測する

---

[12]　レスポンスタイムが 10 秒以上になると、ユーザーはそのタスクを放棄することが示唆されています。web.dev「Measure performance with the RAIL model」https://web.dev/rail/

[13]　それぞれのデータベースの機能の詳細はここでは省略します。

[14]　もちろん場合によりけりです。ユーザーが分析結果を確認するような分析アプリケーションの場合は同様のレスポンスタイムが要求されます。計算をあらかじめ行っておき、結果だけ表示するなど、工夫が必要です。

ために利用するものなので、必然的にデータの保持期間も長くなる傾向があります。

RDB と NoSQL の違い

技術的な観点からデータベースを比較すると、**RDB**（リレーショナルデータベース）と **NoSQL**（Not only SQL）の2つに分けられます。トランザクション機能を持つのは RDB（一部トランザクションを実装している NoSQL も存在する）で、以前は RDB のみでデータベースの運用は間に合いました。昨今、データ量の増加やデータの多様化へ対応するため、RDB 以外のデータベースが必要となり、データの表現が柔軟で、サーバを増やす（スケールアウト）ことで容易に性能を向上させることができる NoSQL が利用される機会が増えました。

RDB は Excel のシート(Sheet)のような表形式でデータを格納するデータベースです。テーブル同士をつなぎ合わせて、データの関係性を記述します。NoSQL データベースは表形式以外のデータ形式でデータを保存できるデータベースです。キー・バリュー型、カラムストア型、ドキュメント型、グラフ型と、目的に応じたデータ形式でデータを扱います。

NoSQL と RDB の連携

気をつけたいのは、NoSQL は万能な解決策ではなく、あくまで RDB と補完関係にあることです。NoSQL は1台のサーバに収納できない大容量データに対応できますが、そのぶんデータの一貫性を保つのが得意ではありません。

データは、どのタイミングでも、どのユーザーからも同じデータは同じ値が参照されるべきですが、データを更新した際に、ユーザーによっては同じデータにもかかわらず、異なる値を参照する場面があります（一定時間経過すれば正しく更新データを取得できる）。数値がずれると大問題に発展する決済や銀行系のシステムに適用するのが難しく、仮に導入

しようとしても運用コストがかさんでしまいます。

　このように NoSQL にも得意不得意が存在するため、業務を深く理解し、正しいデータベースを目的に応じて選択することが重要です[*15]。

>>> Next Action <<<

クラウド上のデータベースを適切に選択できるようになるためには、データベースの特性や用途の向き不向きを知る必要があります。書籍やブログでデータベースの知識を深めましょう。

表 10.2　業務用データベースと分析用データベースの比較

	業務用	分析用
データ保存期間	比較的短い	長い
レスポンスタイム	短い時間でなければ許容できない	比較的長い時間でも許容できる[*16]
トランザクション機能、ロールバック機能	必須	なし

表 10.3　RDB と NoSQL の比較

	RDB	NoSQL
データ整合性	強い	弱い
性能を向上させるための難易度	難しい	スケールアウトにより容易
データの構造	表形式	キー・バリュー型、カラムストア型、ドキュメント型、グラフ型などさまざま

[*15]　適切なデータベースを導入しても、適切な運用ができないとつらいことが多いです。

[*16]　あくまで業務用 DB と比較して。

10-6 データの種類とデータ基盤設計

西原成輝

対象読者			キーワード
学生	ジュニア	ミドル	構造化データ、非構造化データ、
☐	✔	✔	半構造化データ

データの種類によって分析や保存のしかたが異なります。分析しやすいデータの種類にはどんなものがあるか見ていきましょう。また、データ基盤は3層構造で構築するのがよいとされています。3層構造におけるそれぞれのデータベースの役割について解説します。

データの種類

データの種類[*17]は次のように分類できます。

- 構造化データ
- 非構造化データ
- 半構造化データ

構造化データとはテーブルのカラム名やデータ型、テーブル間の関係を明確に定義したデータのことです。行や列といった形でRDBに保存されるデータのことで、構造化データは集計や比較が行いやすく最も分析に適したデータ構造と言えます。

一方、**非構造化データ**は構造定義そのものを持たないデータのことで、

[*17] データの種類については、「7-1 業界によるデータの種類とビジネスでの活用方法」も参考にしてください。データの種類といってもさまざまな切り口が存在し、ここでは分析や保存のしやすさという観点でデータを分類しています。

音声や動画データが当てはまります。こういったデータはそのままでは分析できないため、後述する半構造化データや構造化データに変形する手順を踏まなければなりません。

　半構造化データは、前述の構造化データとは異なる形式で構造化されたデータのことで、json 形式や xml 形式のデータが該当します。

　技術の進歩によって非構造化データや半構造化データを容易に扱えるようになり、今後はこれらをいかに有効活用するかがビジネス上重要になると言われています。

　クラウド事業社のサービス一覧に多数のデータベースが存在する理由は、さまざまなデータ構造に合わせて最適なデータベースを選定する必要があるためです。データベースの選定については、各クラウド事業者のドキュメントを参考にして、慎重に行ってください。

役割で見るデータベース

　データ構造によってデータベースの種類を適切に選ばなければなりませんが、データベースの役割によってもデータベースを分ける必要があります。データを効率的に収集して活用するには、次のような役割を持つデータベースが必要です。

- データレイク
- データウェアハウス（DWH）
- データマート

　データ分析にデータウェアハウスが必要なのはよく知られていますが、そのほかにもデータレイクやデータマートを用意すると、使いやすいデータ基盤を構築できます。アプリケーションや Web サービスから出力されたログは、データレイク、データウェアハウス、データマートの順番で処理・保存されていきます。

　データレイクは加工される前の生データをためておく場所です。生データを保存して、必要に応じて加工を施し、あとあと発生するさまざまな分析ニーズへの対応を可能にします。

　データウェアハウスはデータを扱いやすい形式にして大量のデータを格納するデータベースです。用途に合わせた加工済みのデータを保存することで、各々の部署で SQL を用いたアドホックな分析が可能になります。

　可視化用のアプリケーションなどに利用するための必要最小限のデータだけを取り出したものが**データマート**です。データマートが存在しないと、利用するたびにデータウェアハウスからデータを加工して取得する必要があり、分析に工数がかかってしまいます。事業部の KPI など、用途が限定されているものに関してはデータマートを通じて分析するのが適切です。

　利用しやすいデータ基盤を作るには、このように 3 つの役割が必要不可欠です。

>>> Next Action <<<

クラウド事業者が提供しているデータベースを調べてみて、適切なデータベースを選択できるようになりましょう。

各クラウドのデータベース比較

GCP
https://cloud.google.com/products/databases?hl=ja

AWS
https://www.youtube.com/watch?v=h1r8AzOdlqo

Azure
https://azure.microsoft.com/ja-jp/product-categories/databases/

表 10.4　データの種類と例

データの種類	例
構造化データ	CSV、RDBMS、Excel
非構造化データ	画像、音声、テキスト、センサーデータ
半構造化データ	JSON、xml、Parque、Avro

図 10.6　役割で区切ったときのデータベースの種類

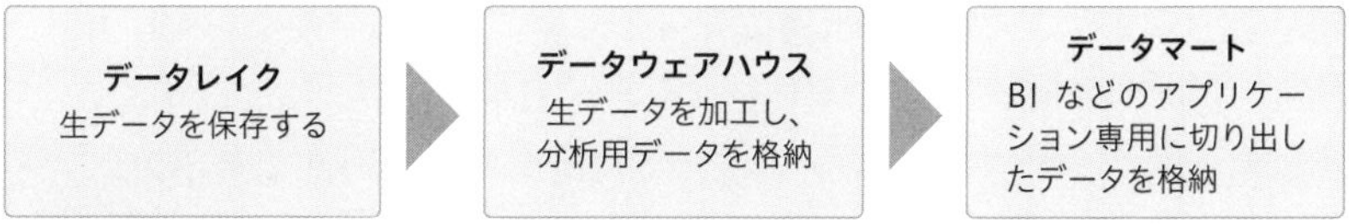

| データレイク 生データを保存する | データウェアハウス 生データを加工し、分析用データを格納 | データマート BI などのアプリケーション専用に切り出したデータを格納 |

COLUMN　メタデータの管理を行わない

　メタデータの管理をまったく行わない、もしくはおろそかにしていると、使いにくいデータ分析基盤になってしまいます。メタデータとは、あるデータにおける付帯情報を指します。具体的にはテーブルやカラムの名称、データ型やテーブルの作成日、作成者などの情報です。データの重要性についての認識は広がりましたが、メタデータの重要性はあまり語られることはありません。しかし、データと同様にメタデータの管理も重要です。

　メタデータの管理が十分に行われていないと、どこにどういったデータが存在するかが把握できず、保存したデータが活用されず埋もれてしまいます。また昨今では、BI ツールや機械学習などアプリケーションにデータを適用する際、前処理を施したデータパイプラインを構築します。この際メタデータの管理が十分に行われていないと、データパイプライン上でエラーが発生した際に、原因の特定に時間がかかり、ビジネスに悪影響を及ぼします。

　ここで示したテーブル名や作成日のほかに、ビジネス観点の情報もメタデータとして付与するとよいでしょう。データの持ち主はどの部署なのかや、開発用データと本番用のデータがひと目でわかるタグをつけておくと、データの有効活用が進み、ヒューマンエラーを防げます。

図 10.7　メタデータを管理する

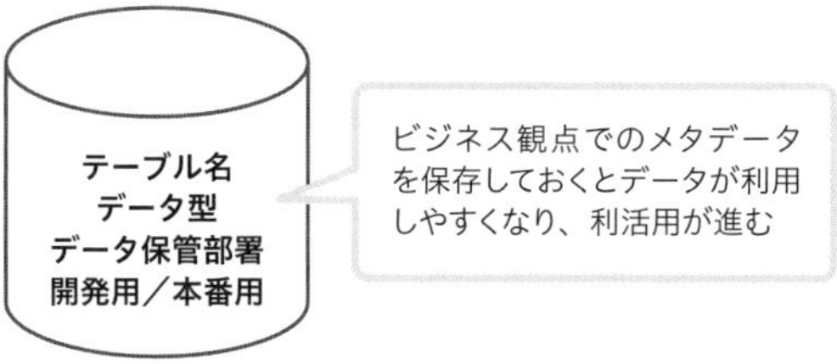

テーブル名
データ型
データ保管部署
開発用／本番用

ビジネス観点でのメタデータを保存しておくとデータが利用しやすくなり、利活用が進む

10-7　AI 実運用のためのスキルセット

西原成輝

対象読者				キーワード
学生	ジュニア	ミドル		MLOps
✓	✓	✓		

機械学習のデプロイは非常に難しく、22%の会社しか成功していないとのレポートもあります[18]。PoC 貧乏という言葉も話題に上り、機械学習を一度だけ適用することと安定的に運用することには、技術的に深いギャップがあります。本節では機械学習システムを本番稼働させるためのスキルセットについて考察します。

MLOps という考え方

機械学習の安定運用は難しく、この問題に立ち向かうために、MLOps という新しい考え方が誕生しました。MLOps は次の 3 つをかけ合わせた概念です。

- 機械学習
- DevOps
- データエンジニアリング

MLOps に取り組むにあたって、もちろん機械学習のスキルは必須です。機械学習のライブラリを使いこなせるだけでなく、アルゴリズムへの深

---

[18] deeplearning.ai「The Batch: Companies Slipping on AI Goals, Self Training for Better Vision, Muppets and Models, China Vs US?, Only the Best Examples, Proliferating Patents」https://blog.deeplearning.ai/blog/the-batch-companies-slipping-on-ai-goals-self-training-for-better-vision-muppets-and-models-china-vs-us-only-the-best-examples-proliferating-patents

い造詣があればなおよいです。

　DevOps とは開発（Development）と運用（Operation）を組み合わせたプラクティスやツールを示しており、迅速かつ高品質な状態でソフトウェア[*19]を提供することを目的としています。アプリケーションの実行環境を仮想化する Docker や、ソースコードを管理する Git、ソースコードのビルド（配布可能な状態にすること）やテストを自動で実行する CircleCI などの知識や経験が必要です。

　データエンジニアリングはデータに関する技術を示しており、SQL、NoSQL 問わずデータベースに関する深い知見や、データウェアハウスやデータ加工のための ETL（Extract/Transform/Load）ツールなどの運用経験が必要です。大規模なデータ処理が必要なケースでは、Apache Hadoop や Apache Spark などの分散処理フレームワークの知識も求められます。

▍▍ すべてのスキルセットを持ち合わせた人材はいない

　機械学習の実運用を経験したエンジニアはまだ少なく、前述のようなスキルをすべて持ち合わせたスーパーエンジニアは存在しません。仮にいたとしても、十分な報酬と魅力的な仕事内容でなければ、仕事を依頼できません。

　実際の現場では、機械学習、DevOps、データエンジニアに関して、それぞれのいずれかに長けた人材でチームを構成し、互いが少しずつ他領域に習熟していくのが現実的です。少人数のチームでは、クラウド事業者が提供するフルマネージドサービスの活用をお勧めします。

　有用な参考書や MOOC（大規模公開オンライン講座）が普及して、arXiv に最新の論文結果が公開されるなど、今や学生でも機械学習に精通する人材が増えています。一方で DevOps、データエンジニアのスキルは、現場でしか経験を積めないため、この分野は人材が不足していると言え

[*19] コンピュータを動かすための、手順や命令を記述したもの。OS、アプリケーションを包括した用語。

ます。

　データサイエンティストは最もセクシーな職業と言われ、機械学習エンジニアが高給と噂されて久しいですが、DevOps、データエンジニアのスキルを磨いた MLOps エンジニアが今後は最もセクシーかつ高給な職業になるかもしれません。

>>> **Next Action** <<<

機械学習のスキルを獲得したあとは、DevOps やデータエンジニアリングを学び、スキルの幅を広げていきましょう。

10

データ分析基盤の構築と運用

図 10.8　MLOps エンジニアというキャリアパス

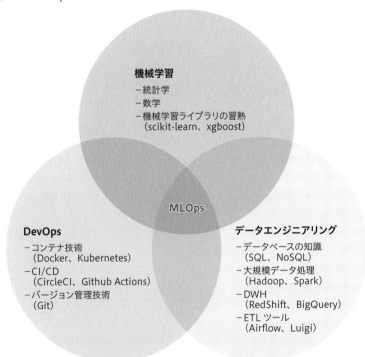

227

COLUMN データサイエンティストにすべてやらせる？

　データサイエンティストを1人雇用して、機械学習の設計、実装、果ては実運用部分まですべて担わせるケースが散見されますが [20]、これはプロジェクトが失敗に向かう傾向の1つです。経営側の視点では、有能なデータサイエンティストの雇用には費用がかかり、データ関連業務を一任させたい気持ちはわかります。しかしデータサイエンティストには既存のデータに価値を見いだしたり、モデル構築に専念してもらうほうが望ましいです。データサイエンティストはデータ基盤構築のプロではないため、データに関する業務だからといってデータサイエンティストに基盤の構築までやらせてしまうとプロジェクトに大きなリスクを抱えてしまうことを認識してください。

　データエンジニアやインフラエンジニアを雇い、協業してもらうのが理想の状態です。そうすることで、各々が専門領域で最高のパフォーマンスを発揮できるため、リスクを抑えつつ、ビジネス上の成果も期待できます。

図 10.9　専任の担当を配置してアンチパターンを避ける

それぞれの領域で専任のエンジニアを置いて、
機械学習エンジニア／データサイエンティストがモデル構築に専念できる環境が最もよい

---

[20] 採用にあたっては、「2-1 データサイエンティストのスキルセット」や「2-4 求人情報からわかること」を参考にしてください。

第 10 章のチェックリスト

第 10 章では、データ基盤を構築する前に考慮すべきことを解説してきました。次のチェックリストを参考にして、内容を振り返ってみましょう。

☐ 本書で書かれているデータ基盤を作る対象として 2 つのケースがどのような場合か、挙げることができますか？（→ 10-1 節へ）

☐ データ基盤を作らずに済む方法について本書でお勧めしている方法について説明できますか？（→ 10-2 節へ）

☐ AutoML サービスがどのようなものか説明できますか？（→ 10-3 節へ）

☐ シェアの高い順に 3 つのクラウドサービスの名前を挙げることができますか？（→ 10-4 節へ）

☐ 業務用データベースと分析データベースで求められる性能の違いについて説明することができますか？（→ 10-5 節へ）

☐ データレイク、データウェアハウス、データマートとはどのようなものか説明できますか？（→ 10-6 節へ）

☐ MLOps 人材に求められるスキルセットはどのようなものか説明できますか？（→ 10-7 節へ）

参考図書

「図解即戦力 ビッグデータ分析のシステムと開発がこれ 1 冊でしっかりわかる教科書」渡部 徹太郎 著 , 技術評論社 , 2019 年 .

「ビッグデータを支える技術 刻々とデータが脈打つ自動化の世界」西田 圭介 著 , 技術評論社 , 2017 年 .

第 4 部

プロジェクトの出口

第 4 部はプロジェクトの集大成とも言える、収益化や事例化といった出口戦略を解説します。最終的に第 3 部の実行フェーズまでにかかった費用に対する十分な効果が得られなければ、AI・データ分析プロジェクトや組織の継続は難しくなります。ビジネス観点を持つために重要なパートです。

さまざまな業界でどのように AI・データ分析がビジネスに活用されているかについてもふれますので参考にしてください。

第 11 章　プロジェクトのバリューと継続性

第 12 章　業界事例

第 **11** 章

制

プロジェクトのバリューと
継続性

11-1 ノウハウの社内共有

11-2 収益化

11-3 論文執筆・学会発表

11-4 ブランディング手法

11-5 組織の拡大と人材獲得

11-6 外部リソースの活用

11-7 メンバーの育成

11-8 経営層との期待値調整

11-9 他部署との関わり方

11-1　ノウハウの社内共有

伊藤徹郎

伊藤徹郎

対象読者			キーワード
学生	ジュニア	ミドル	ドキュメント、再現環境、ハンズオン
☐	✓	✓	

AI・データ分析プロジェクトは、単発で終わりません。再現性のある施策によってその価値を継続的に生み出せるように、ノウハウをドキュメントとして残し、共有することが重要です。そのために環境構築を容易にしたり、ハンズオンなどを行うことで、より精度の高いプロジェクトにつながるでしょう。

ドキュメントを残す

　実施した施策についての情報を社内に蓄積するために、**ドキュメント**を作成しましょう。第9章で分析レポートの重要性を解説しましたが、本節ではレポーティングだけではないナレッジ部分の適切な共有方法について解説します。

　ミクロな情報であれば、分析における試行錯誤やその意図を Jupyter Notebook などの分析結果内にドキュメントとして残しておくこともそうです。マクロな視点で言えば、そもそもどういう背景から分析プロジェクトが始まって、どういう経緯で体制が組織され、どういう目的のためにどんなデータが用いられて、結果がどうなったのかなどを明示しましょう。最近では esa や Qiita Team、Kibela などのドキュメントツールが提供されています。これらのサービスを利用して、わかりやすく、かつ探しやすいように蓄積しましょう。

　プロジェクトメンバー内ですでに共有できていれば不要かもしれませ

んが、外部から新たに加入するメンバーが同じような施策にたどり着く
こともあるかもしれません。その際にドキュメントが残っていれば、ピ
ボットしたり、さらに改良した施策を打ったりできるため、車輪の再発
明を回避できます。

　施策におけるドキュメンテーションは、データ分析に利用するいろい
ろな言語のライブラリなどと同じくらい重要です。後回しにされがちな
作業ですが、継続することで組織内の知識共有は強化されるでしょう。

定期的に成果を共有する

　施策実施における各プロセスでの情報共有も同様に重要です。現プロ
セスにおいて、どんなことにどんなアプローチで取り組んでいるかをま
とめ、定期的にその成果を共有する場を持ちましょう。

　短期的にはレポートを提出する上司やチームメンバーへの進捗共有に
もなります。また、他のメンバーからのフィードバックをもらうことで、
早めに軌道修正できる可能性もあるでしょう。

　定期的に成果を共有した内容を残しておくことで、施策が終わった段
階での振り返りもしやすくなります。

再現環境やハンズオンを用意する

　近年見られる業界のトレンドとして、データ分析における「再現性」や
「説明可能性」の話題が取り上げられます。ディープラーニングによる優
れた性能を誇るモデルができても、その要因がわからず、性能を改善す
ることや再現ができない事象が多かったからです。再現性を高めるため
に、データ分析の検証をするための**再現環境**を用意しましょう。施策に
適用したデータとその分析のモデルを管理し、別の人が再現できるよう
にコードや実行環境を残すことが重要です。言語のバージョンやライブ
ラリのバージョンなどの整合性担保のために Docker のようなコンテナに
同環境を用意しておくのもよいでしょう。それを用いて**ハンズオン**など
を行えば、そこを起点に新たな施策が生み出されるかもしれません。

>>> Next Action <<<

　まずはドキュメントをどのように残すのがよいのか検討しましょう。過去に実施した施策をもとにドキュメントを作成し、それをもとに振り返りをしましょう。場合によってはハンズオンや再現可能な環境を用意してほかのメンバーが同じプロセスをたどれるようにしましょう。

図 11.1　esa（左）や Kibela（右）などのドキュメントツール

図 11.2　筆者が過去に成果を共有したスライドの例

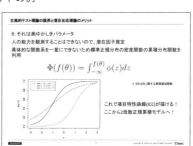

11-2 収益化

伊藤徹郎

対象読者

学生 ☐　ジュニア ☑　ミドル ☑

キーワード

グロースハック、業務最適化、
サービス開発、コンサルティング

AI・データ分析プロジェクトによる貢献は、収益化によって明確に可視化することが重要です。収益化には「自社サービスのグロースハック」や「データ活用を前提としたプロダクト開発」があります。また、そうしたノウハウを提供するコンサルティングなどもチームの収益化に貢献できる方法です。

自社サービスのグロースハック

　AI・データ分析プロジェクトは、貢献がビジネスに直結しにくいこともあるため、意識して可視化する必要があります。

　収益化の方法として、すでに提供している自社サービスの**グロースハック**が挙げられます。サービスをさまざまな手法と視点で分析し、成長の鍵となるポイントを発見し、改善するための施策実施を続け、企業のサービスを成長させましょう。たとえば、利用者に対して追加購入を促したい場合、購入した商品に対して別の商品を推薦することが考えられます。利用者にいつ、どのように推薦するのか、何をどうやって推薦するかなどの試行錯誤を行うことになるでしょう。この試行錯誤がまさしくグロースハックのプロセスです。

　グロースハックは、ビジネス貢献を示すための手軽な方法ですが、改善効果が劇的に見込めるものではなく、小さい改善を積み上げていくことになります。愚直に繰り返すことで成果が出てくるため、やりきる力

と施策の筋の良し悪しを見極める力が重要です。

グロースハックの例
- バナー改善
- Web サイト改善
- CV（コンバージョン）改善
- メール改善

　また売上を伸ばすことと並行して、**業務最適化**も選択肢として考えられます。たとえばマーケティング施策で獲得効率を最大化させる費用配分や、広告出稿先の見直しなどが業務の最適化に該当します。かけるコストを最小化し、利益を据え置くことができれば、収益性は上がります。
　グロースハックはある程度やりきると、その効果は収束していきます。その後は思いきった施策へとフェーズを転換することも視野に入れましょう。

データ活用を前提としたサービス開発

　一般的な新規サービスの開発では、そもそもデータの蓄積が必要なので、データ活用を起点にしたスタートはハードルが高いと言えます。利用者が増えるまでは地道に改善を行い、一定の利用者を獲得し、グロースハックの効果が収束した段階で乗り出してもよいでしょう。グロースハックよりも、かかる工数・利用者への影響が大きい施策として、データ活用を前提とした**サービス開発**があります。
　たとえば、EC サイトの運営者が出品者への付加価値を提供するために、ダッシュボードを販売することがあります。出品者はデータを見ながら意思決定できるようになり、出品作業を改善できます。これにより取引が促進されれば、分析チームは開発するプロダクトによってビジネスに貢献できます。
　推薦エンジンはまさしくそうしたプロダクトの代表格でした。EC サイトの推薦ロジックによるアルゴリズムを表示するだけでなく出品者への推薦を加えることで、取引の活性化に期待できます。

また、CRM（Customer Relationship Management）と推薦をかけ合わせたパーソナライズ配信などは、マーケティング・オートメーションツールとして流行しています。最近ではチャットボットのように、企業が持つテキスト情報を体系化し、チャットのインターフェースでユーザーの質問に応答するようなプロダクトもあります。

ほかにもライフログや家計簿サービスなどの分野で、自動的に収集したデータをライフスタイルの提案などに活用している例があります。

データを活用したプロダクトの例

- レコメンド
- CRM
- MA（Marketing Automation）ツール
- チャットボット

データ分析のコンサルやサポート

コンサルティングは、収益化が見込める選択肢の１つです。すでにデータ分析専業の会社では、こうしたサポートを提供しています。データ分析は、いかにデータから知見を得ていくかに尽きますが、これだけ世の中に有用な知見やツールなどが出回っても、課題はあまり変わりません。豊富な経験を持つ分析チームがそれをコンサルティング、サポートすることは、対価を得ながら分析スキルの実績を増やすことができ、継続的な案件獲得にもつながります。近年では働き方改革の流れを受け、個人で副業をしながら、そうしたサポートをするケースも出てきています。

かつて、アメリカのゴールドラッシュのときに、一番利を得たのはスコップを売った人だったという話は有名です。歴史に照らし、現代の金脈をデータとすれば、その扱い方を伝授するビジネスがいかに重要かわかっていただけると思います。

>>> Next Action <<<

　自社サービスをグロースハックするとなったら何に取り組むのか
考えてみましょう。グロースハックをある程度やりきったら、続い
てデータを活用したプロダクト開発を検討します。これらの経験を
もとにして、データ分析方法のコンサルティングやサポートなどの
方法をとれるか考えてみましょう。

図 11.3　収益化の方法

11-3 論文執筆・学会発表

伊藤徹郎

対象読者
学生　ジュニア　ミドル ✓

キーワード
論文、先行研究、実データ、口頭発表、
ポスター発表、ジャーナル

AI・データ分析プロジェクトの価値を発揮するために、アカデミック分野で成果を共有する方法があります。先行研究を調査し、そのための実験として自社の持つデータが利用できれば、学術分野での研究業績にもなります。さまざまな発表形式があるため、取り組みやすい方法を検討しましょう。

先行研究のリサーチ

　学会組織はさまざまな分野にわたり、国内外含めて数多く存在します。それらをひとつひとつ調べるだけでも途方もない時間を要するでしょう。

　現在は論文のオンライン化が進み、Webを検索すればいろいろな先行研究にアプローチできます。たとえば、Google Scholarで検索すれば、世界中のさまざまな論文がヒットします。時期でフィルタをかければ、最新の状況を把握できるでしょう。日本国内においても、論文のデータベースであるCiNiiやジャーナルなどを掲載するJ-STAGEなどが運営されています。

　アカデミックな分野で論文を発表することに、懐疑的な姿勢の企業が多いかもしれません。しかし、すでに多くの企業が先行研究に取り組んでおり、こうした活動の重要性を知ることもできます。

　企業がアカデミック分野と協業するにあたって、共同研究はメリットとして挙げることができます。実ビジネスを展開する企業が、特定分野

の研究を自社のデータに適用することで、企業単体ではたどり着けない結果を導く可能性があります。多くの企業は基礎研究などに資金や時間を投資できません。実ビジネスへの適用を考えたときに一から研究していては、資金も時間もかかりすぎてしまいます。そこで、すでに研究に取り組むアカデミック分野との協業は大きなメリットとなります。活動を通して、修士や博士の学生への認知度が高まり、採用によい影響も出るでしょう。

実データ適用の実験

　企業が**実データ**を用いて実験できることは、データ取得においてアドバンテージがあります。

　研究者は何らかのデータを用いて理論を適用することで、自らの提案手法における性能を検証しています。しかし、データを入手するまでの道のりは困難を極めます。一方で企業に所属していれば、データアクセスのハードルは研究者のそれと比べれば低いものです。

　最新の理論による提案手法を自社データに適用し、その性能を従来の手法と比較した内容をまとめるだけでも、学術的に新規性が認められるでしょう。

　研究者と同じ土俵で競うのではなく、研究者の理論をうまく活用する応用分野では、企業研究はよりビジネスバリューを発揮できるでしょう。

　アカデミック分野の研究者は実データを常に探しています。このあとで解説する研究成果を発表することで、共同研究の打診も考えられます。そうなれば、新たなビジネス価値の種が芽吹くことでしょう。サイバーエージェントは、こうした研究開発に積極的に取り組んでいます[*1]。

ポスター・オーラル・ジャーナル投稿など

　学会にはさまざまな発表形式があります。ポピュラーなのは、論文を

---

*1　サイバーエージェント「研究開発の取り組み」https://www.cyberagent.co.jp/techinfo/labo/

書いて、その内容を**口頭発表**することでしょう。事前に CFP（Call for papers、論文や発表の申し込みのための文書）を提出し、査読を経ることで、発表される頃にはブラッシュアップされた論文となります。

　ハードルが高く見えるのであれば、**ポスター発表**を選択しましょう。ポスターの場合は CFP を書く必要がありますが、査読のプロセスがありません[*2]。参加者と議論しながらの発表は、いろいろな発見があります。

　また、**ジャーナル**への投稿という手段もあります。これは学会が発行している学会誌への寄稿です。ジャーナルはアカデミックの分野で最も権威が高い発表場所と認識されており、研究の価値が第三者に認められた証となります。寄稿者のほとんどが研究者の誌面に企業名が掲載されることで、前述したような採用のメリットなどにもつながるでしょう。

≫≫ Next Action ≪≪

　自身の興味のあるテーマやトピックについて先行研究や実データをもとに協業の可能性のあるアカデミック分野の組織を探してみましょう。結果が得られたら、ポスターやジャーナル投稿など学会誌への発表を検討しましょう。

[*2]　学会によっては査読を必要とするところもあります。

図 11.4　Google Scholar、CiNii、J-STAGE のそれぞれで論文を検索

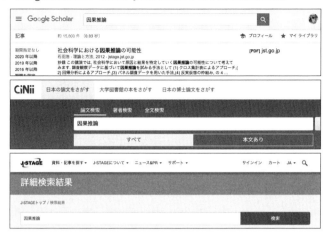

表 11.1　アカデミック分野での発表の種類

発表の種類	査読	概要
ポスター	なし [*3]	事前に発表の CFP を提出 採択されたら実験 [*4] 結果をポスターにまとめる 学会当日に発表する
オーラル 論文	あり	事前に発表の CFP を提出 採択されたら実験 結果を論文にまとめる 論文を査読者に見てもらう 学会当日に口頭で発表する
ジャーナル投稿	あり	実験結果を論文にまとめる 関連ジャーナルを探す 査読者に論文を見てもらう ジャーナルに掲載される

[*3]　学会によっては査読を必要とするところもあります。

[*4]　学会によっては CFP と同時に結果を提出するところもあります。

伊藤徹郎

対象読者			キーワード
学生	ジュニア	ミドル	社内勉強会、イベントへの登壇
☐	✓	✓	

データ分析チームが日々どんな活動を行い、どのような価値を出しているかは意外と周囲に理解されません。成果を社内だけでなく外部へ発信する機会を活用することが重要です。これによりプレゼンスも向上するでしょう。最終的にチームや組織の行動指針にまで落とし込み、継続的にブランディングしましょう。

価値創出を発信する

　データ分析を担うチームは、データに向かうことが多くなりがちです。適切な成果を上げて、価値を発揮するのが前提ですが、ほかのチームからは何をしているかわからないという印象を持たれることが多いようです。

　そのため、定期的に分析チームがどんな成果を出しているのか発信することが重要です。高度な分析モデルや解釈を伴う結果は伝わりにくいため、専門知識を持たないメンバーでも理解しやすく噛み砕いて発信することに注意してください。たとえば、**社内勉強会**などで、これまでに行った分析結果の目的や意図、対象データや実施した結果などを共有する場を設けることで、ほかのメンバーに知ってもらうこともできるでしょう。

　分析プロジェクトで成果を出し、それを適切に発信するサイクルを継続することで、社内の信頼貯金が貯まっていき、信頼されたチームへと成長していきます。

▌▌▌イベントやセミナーに登壇する

　組織のブランディングを見すえて社外へのアピールも行いましょう。ま
だ分析チームが完璧に機能している事例は少ないでしょう。多くの場合、
データの一部を管理してダッシュボードを作成して意思決定支援を行う
など、少しずつ機能させているのが実情でしょう。成果を外部に発信す
ることで、一目置かれる組織に成長する余地はあります。

　外部への情報発信として考えられるのは、セミナーや勉強会などの**イ
ベントへの登壇**です。とはいえ、何も実績がなければ、登壇の依頼は来
ません。まずは、自分が興味のあるテーマに近い分野で、登壇者を公募
しているイベントを見つけて、5〜10分のライトニングトーク（LT）に
挑戦してみましょう。長時間の登壇はハードルが高いので、まずはLTか
らチャレンジするのがお勧めです。

　こうしたイベントで登壇実績を重ねると、主催者から依頼が来る可能
性もあります。技術系のカンファレンスに登壇しても、同様の期待が持
てます。

▌▌▌組織の行動指針に組み込む

　かつては外部への情報発信を人材流出のリスクと認識する企業もあり
ましたが、現在では情報を発信して認知度を高めることで、よい採用に
つなげたいと考える企業が増えています。

　社内外で情報発信を繰り返すことで、名実ともに組織のブランド力が
向上します。メンバー自体の意識も主体的になり、ブランディングが進
むにつれて、メンバー個々の市場価値も向上するでしょう。そのために
は組織全体で継続的かつ積極的に情報発信を行う働きかけが必要です。
組織の**行動指針**や個人の目標として掲げ、外部イベントの登壇数をKPI
に組み込むなども考えられます。

　このような好循環を繰り返すことで、さらに盤石な組織へと進化でき
ますし、組織の名声を聞き、優秀なメンバーが入社する期待も高まります。

>>> Next Action <<<

　プロジェクトで上げた成果は社内だけでなく、データ分析に関連するイベントやカンファレンスなどに発信しましょう。価値創出から成果共有のサイクルを回せるような行動指針を考えてみてください。

図 11.5　ブランディングループ

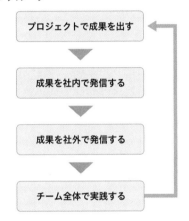

11-5　組織の拡大と人材獲得

伊藤徹郎

対象読者

学生	ジュニア	ミドル
☐	☐	☑

キーワード

募集要項、人材戦略

データ分析組織のプロジェクトが機能し始めると、いろいろな案件が舞い込んできます。これに対応するためには、人材を新たに獲得し、さらなる体制の拡充が必要です。組織に必要な人材要件を明確化し、適切な人材戦略のもとに採用活動を行いましょう。

募集要項を定義する

　「2-4 求人情報からわかること」では**募集要項**の重要性について説明しました。本節では、その要件を設定する側の注意点を解説します。

　データ分析組織の成果のサイクルが回り始めると、徐々にリソースの問題が出始めます。案件が増えると人員を確保しなければならず、新しいメンバーを募集する必要が出てきます。まず考えるべきことは、自社の求める人材の要件を詳細に定義することです。

　近年ではデータ分析に関する職種の認知が広がり、昔よりも多くの応募者が集まるようになりました。しかし、まだ試行錯誤を続けている分野であるため、雇用者／被雇用者ともにミスマッチが発生しているのが現状です。そのため、企業側としてはなるべく採用率を上げるために、募集要項を定義しておきましょう。募集要項に用意すべきおもな点を次に示します。

- 自社の目指すミッション・ビジョン
- 募集するポジションの具体的な業務内容
- 必達のスキル条件
- 待遇や働き方

すでにほしい人材を定義できていれば、より解像度の高い募集要項を書くことができるはずです。これらは一般的な要素にもかかわらず、明確に定義されていないことが多いです。これらが曖昧な表現になってしまう場合、募集の前に自社の人材戦略を見すえることも検討しましょう。

適切な人材戦略を描く

「6-1 AI・データ分析プロジェクト設計の注意点」で解説したAI・データ分析プロジェクトの起ち上げメンバーと同様に、組織の人材戦略を見通すことは難しいと言えます。近年ではデータサイエンティストのキャリアについて語られることが増えたため、個人のキャリアとしては少しずつ成熟してきているかもしれません。そもそも適切な**人材戦略**は、業種に限らず難易度が高く、データ分析組織にも同じことが言えます。

データ分析組織としては、成し遂げたいプロダクト・サービス戦略をもとに、想定する人材に落とし込むのが適切です。データを活用して、いつ・何を・どんな状況で提供したいかで、構成する人材は変わります。たとえば、データを活用したいと考えてもデータを扱う基盤がなければ、それを構築できるデータエンジニアが必要でしょう。データを取得できたら、ダッシュボードを作成し、分析を行ってモデルを作成できるデータサイエンティストが必要です。

戦略が具体的であれば、組織のメンバーの現状と理想像のギャップを認識し、そのギャップをどうやって埋めていくかをイメージできるはずです。

▌▌▌ 実践と改善のループを愚直に繰り返す

　戦略に基づく人材採用は、愚直に実行あるのみです。採用活動を始めると、応募数が少ない、応募者が求める要件に合致しないなど、さまざまな課題に直面することでしょう。実際に面接してみても、スキルがマッチしていなかったり、組織のカルチャーにマッチしなかったりすることも考えられます。遠回りに見えるかもしれませんが、これらをドキュメントに残し、定期的に見直しを行い、採用プロセスを改善し続けることが一番の近道です。

　採用活動のプロセスを定量的に計測し、どのプロセスで改善が必要かを可視化することは重要です。また、採用面接は再現性が担保できないため、その人のスキルや考え方、これまでの経験などを聞き出すための質問項目を組織で作成し、面接活動と並行して内容のブラッシュアップを繰り返すことがお勧めです。このような地道な活動を繰り返していても、採用は一筋縄ではいかないので、これをいかに楽しみながら組織で繰り返せるかが重要でしょう。

　縁が実り、適切な人材を採用できたら、あらためて戦略や募集要項を見直す必要があります。

>>> Next Action <<<

　組織に必要な人材の要件を定義し、これをもとに募集要項を作成してみましょう。適切な人材をプロジェクトに配置できるような将来を見すえた戦略を考えてみましょう。

表 11.2　人材獲得までのステップ

ステップ	概要
募集要項を書く	自社の目指すミッション・ビジョン 募集ポジションの業務内容 スキル条件 待遇や働き方について
人材戦略を描く	成し遂げたいプロダクト・サービス戦略 データ活用の方法 As-is と To-be
実践と改善のループを繰り返す	採用活動の実施 定量測定 プロセスの改善 戦略の見直し

11-6 外部リソースの活用

伊藤徹郎

採用に力を入れても、すぐに成果に結び付かないことがあります。そういうときは、外部リソースの活用を視野に入れましょう。外部の専門家に短期的にプロジェクトに参加してもらうことで、そこから得られる知見を吸収し、組織の強化につなげる方法があります。

外部の専門家を組織に入れて近道をする

　前節では採用活動について解説しましたが、データサイエンティストをタイミングよく採用できることもまれです。プロジェクトの期限は刻々と迫ってくるのが現実です。そんなときは、**外部リソース**を組織に入れて、近道をする選択肢もあります。

　具体的には、データ分析を専業にする会社に依頼して短期的にプロジェクトに参加してもらう方法や、経験豊富な専門家を技術顧問として招き入れ経験の浅いメンバーをフォローしてもらう方法などがあります[5]。こういった組織強化の方法もありますが、暫定的な処置であることを忘れてはいけません。外部の専門家を招聘する際は期限を切り、得られる効果を明確にしましょう。

---

[5]　外注費用やスケジュール感については「4-6 外注費用とスケジュール」を参照してください。

得るべきは表面的なスキルではなく経験

外部リソースに期待できるものとして、その専門家の持つ技術的なスキルが最初に考えられます。確かに貴重なスキルではあるのですが、それだけに注目するとプロジェクトの期限が切れたときに、結果として組織に何も残りません。

スキルだけでなく、専門家の経験をもとにした**ソフトスキル**に着目しましょう。

- ある事象に対して、どのようなアプローチでどんな解決策を講じるのか
- 実施した施策からどんなスキルをもとに分析し、解決策を見つけるか
- 解決後、運用する際にどんな視点を持つべきなのか

経験者が持つ暗黙知にふれる機会こそが貴重です。ドキュメントに残すことを忘れずに、外部の専門家とのアプローチを繰り返していけば必ず組織は強化できます。

ROI を検証する

最近では管理会計の考え方を利用して、事業別のP/L（損益計算）を算出する組織が増えています。外部のリソースを活用する際は、期限を区切り、その中でどんな成果が得られたのかを吟味し、費用対効果（**ROI**）を検証することが重要です。経理部門や経営企画部門が事業指標を管理していることが多く、必要に応じて連携してもよいでしょう。日々の業務に追われ、検証をないがしろにしてしまうことが多いですが、この検証のプロセスを繰り返せば、確実に外部リソースに関する知見を蓄積できます。

外部リソースを活用して、よい成果が得られたのであれば、その価値を継続的に享受できるようにしくみ化しましょう。業務フローの策定やツールによる自動化などがしくみ化の方法として考えられます。これが実現できれば、本来のように人を採用してゼロから始めるよりも、明らかに大きい費用対効果が得られます。

　ROI を考えるときは、単純に金額で算出することが多いと思います。外部リソースから得られた価値を比較するためには、投入する工数や実現までの期間などの時間軸を考慮してください。この変数を加味することで、明確な ROI を検証できます。

⟫⟫⟫ Next Action ⟪⟪⟪

　人材獲得がうまくいかなければ、外部の専門家を組織に招き入れる検討を行います。進行中のプロジェクトがあれば、それに照らし合わせて外部リソースをどう活用できるか考えてみましょう。最大の効果を得るために、どれくらいの期限が適切なのか考えてみましょう。

図 11.6　外部リソースによってチームサイクルが加速する

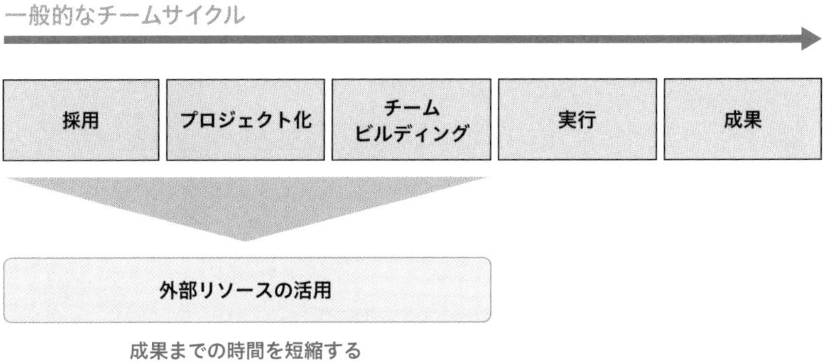

一般的なチームサイクル

| 採用 | プロジェクト化 | チームビルディング | 実行 | 成果 |

外部リソースの活用

成果までの時間を短縮する

11-7　メンバーの育成

伊藤徹郎

対象読者			キーワード
学生	ジュニア	ミドル	オンボーディング
☐	☐	✓	

メンバーを育成するしくみの整備は、組織が成熟するために欠かせません。新しいメンバーへのサポートを実施して、キャッチアップ期間を短くする工夫をしましょう。そのうえでメンバーのスキルに応じた適切なタスクを見極め、自走できるように促します。主体的に動けるメンバーが増えれば、さらに組織は強くなるでしょう。

オンボーディングの重要性

　メンバーが加入したら、早くプロジェクトに馴染んでもらうための**オンボーディング**は重要なプロセスです。オンボーディングとは、新たに採用した人材を職場に配置し、組織の一員として定着させ、戦力化させるまでの一連の受け入れプロセスを意味します。人事部門やすでに組織に参加しているメンバーがオンボーディングを担当します。

　「11-1 ノウハウの社内共有」でノウハウ共有の説明をしましたが、これができていれば、新たなメンバー向けにカスタマイズするだけです。必要な分析環境やデータを提供できれば、プロジェクトのキャッチアップと参加までの期間は短くなるでしょう。オンボーディングを軽視すると、プロジェクトへの参加が遅れるだけでなく、成果物の質のばらつきが大きくなる恐れがあります。

右余白（縦書き）：
11
プロジェクトのバリューと継続性

経験を得られるかどうかでチームを構成する

　チームの構成においては、いかにそのプロジェクトで新たな知見が得られて、経験を積めるかという観点が重要です。プロジェクトの種類によって、得られるデータも環境も異なります。近年では、構造化データだけでなく、画像や音声などの非構造化データを活用するプロジェクトが増えています。新たなチャレンジを積み重ねることでメンバーのスキルの幅も広がるでしょう。

　当然、経験のないデータや新しい手法を必要とするようなチャレンジ性を求めると、リスクが高くなります。しかしここでの失敗を責めてはいけません。プロジェクトの最中の失敗は積極的に奨励し、最終的な成果につなげることがメンバー育成の近道と言えるでしょう。チャレンジ性の高いプロジェクトをどうにかして成功へと導くという経験は、メンバーを育成するうえで最も効果があります。新たなメンバーに対しては、経験値のあるメンバーをサポートにつけ、適宜バックアップできる体制をとることも効果的です。

自走したあとは効果的なサポートをする

　オンボーディングのあと、複数のプロジェクトを経験すれば、おのずとメンバーも自走できるようになります。このような段階に来たら、個々のメンバーの主体性に任せ、大小さまざまなプロジェクトへのチャレンジを促しましょう。

　この段階のメンバーへのサポートでは、プロジェクトや分析のレビューに回りましょう。新たな手法に挑戦する際の分析に必要なオリジナルのライブラリを実装してサポートするなども効果的です。

　この段階に到達したメンバーには、次に加入するメンバーのオンボーディングを担当してもらうことで、よい循環の継続を期待できるでしょう。

>>> **Next Action** <<<

メンバーが加入したら、プロジェクトに早く参加できるように適切なオンボーディングを行います。どのようなオンボーディングが必要なのか考えてみましょう。

図 11.7　メンバー育成における継続的な循環サイクル

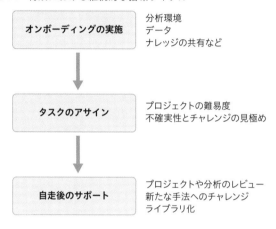

11-8　経営層との期待値調整

伊藤徹郎

対象読者			キーワード
学生	ジュニア	ミドル	ナラティブの溝、期待値調整
☐	☐	☑	

AI・データ分析プロジェクトの多くは、データサービスや部署単位でだけでなく、経営層を始めとした意思決定者とのコミュニケーションが必要になります。まずはそれぞれの立ち位置を把握し、コミュニケーションのギャップとなる要因を埋めましょう。そのうえで、適切なチャレンジをボトムアップで提案し、プロジェクトの優先順位をトップダウンによって決定します。そうすることで、適切な期待値を見いだしましょう。

ナラティブ [*6] の溝に橋をかける

　近年ではデータドリブン経営といったワードも浸透してきているため、意思決定者とのデータ活用の重要性における議論は不要かもしれません。しかし、ここで認識すべきことは、意思決定層が見る世界とデータ分析の担当者が見る世界の違いです。

　一人一人が主体となって語るストーリーのことをナラティブといいますが、意思決定者とデータ分析者の間には、**ナラティブの溝**があることを認識しないと、その溝に落ちてしまい、認識の離齬が発生します。

　たとえば、業績の見通しを予測するモデルを報告したとしましょう。データ分析者は過去のデータから今後の予測値と信頼区間 ± 95％の範囲

[*6]　参考書籍：「他者と働く──「わかりあえなさ」から始める組織論」宇田川 元一 著 , News Picks パブリッシング , 2019 年 .

のデータを出します。ピタリと値を当てることは難しいため、信頼区間の範囲を提示するのは分析者のナラティブと言えます。しかし、意思決定者は業績の見通しが知りたいので、その見通しを立てるための値がほしく、これは意思決定者のナラティブです。このような溝の発生は往々にしてあります。意思決定者がほしいのは範囲ではなく予測値なので、溝を隔てたままでは上限の値だけが一人歩きするケースがあります。ここで実績値が下振れした場合、調整が大変になることは想像がつくでしょう。

役割の違いによって必要なデータを取捨選択することが必要です。

- 何のために（例：業績発表）
- どんなデータが必要で（例：売上の予測）
- どんな意思決定を下すか（例：見通しによって追加材料が必要かどうかなど）

これらを事前に明確にすれば、ナラティブの溝に橋をかけることができます。

期待値調整はボトムアップから

このように、意思決定層とのコミュニケーションでは、互いの認識のギャップを埋める必要があります。重要なのは、データ分析プロジェクトにおける**期待値調整**は必ず分析チーム側から行うことです。

ブームの影響もあり、AI・データ分析プロジェクトにおける意思決定者層の期待値は高いことが多いです。ご存知のとおり、我々は取得したデータを活用することで価値を創出します。しかし、不必要に高い期待値を持たれ、そのギャップを埋められずになくなるプロジェクトも多いです。

分析チームは、取得したデータから実現可能な範囲を見積もり、いくつかのプロジェクトを検討しましょう。まずは現状を把握して、実現したいことに対して不足しているデータはないか、どんな準備やどれくらいのコストが必要なのか、そのためのアクションプランにおけるメリットやデメリットを具体的にすることが重要です。

優先順位づけはトップダウンから

　ボトムアップによる期待値調整が済んだら、プロジェクトの優先順位を決めます。すでに分析チーム側から挙げられたプロジェクトの中から、効果の大小を見極めたうえで、トップダウンで優先順位をつけるとよいでしょう。

　経営層には1〜3年ほどの短・中期の経営ビジョンなどがあるはずです。そのビジョンに分析プロジェクトがどのように効いてくるかを説明しましょう。そのうえで、より高い効果が求められるプロジェクトや、期間を圧縮する必要があるプロジェクトも出てくるでしょう。プロジェクトごとのリスクを伝え、成功確率を下げても実現したいかをふまえて調整しましょう。

　トップダウンとボトムアップの調整は密に行いましょう。プロジェクトの期待値や適正な人員・工数などをその都度調整してプロジェクトを進めてください。実績がない中では、想定を見誤ることも多いため、堅実な方向性の選択をお勧めします。

>>> Next Action <<<

　経営層や意思決定者の見ている視点との違いを把握し、会社の方向性を調査してみましょう。それをもとにしたプロジェクトや、意思決定者が優先順位づけするための説明を考えましょう。

図11.8　ナラティブの溝

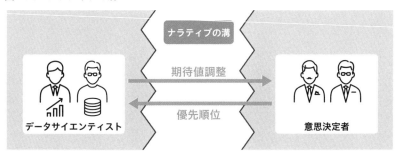

11-9 他部署との関わり方

伊藤徹郎

対象読者

学生　ジュニア　ミドル
□　　□　　☑

キーワード

翻訳、バリューストリーム

本章の最後に他部署との関わり方を解説します。データ分析チームに求められることはデータを軸としたコミュニケーションです。適切な対象者に対して、適切なデータをもとにコミュニケーションをとりましょう。専門用語ではなくほかのメンバーが理解できるように翻訳し、プロジェクトにおけるデータ分析の価値と役割を説明できるようにしましょう。

■ データを軸としたコミュニケーションをとる

　データ分析チームがほかの部門と関わるときに期待されることは、データを軸とした示唆やインサイトの提示です。

　セールスやマーケティングの部門であれば、担当するサービスの分析結果から改善の示唆を求めるでしょう。セールス活動のプロセスで発生するデータは蓄積できていなかったり、属人的に管理されていたりするため、まずは定常的にプロセスを可視化するところから始めましょう。

　また、自社でプロダクトを開発・運用している場合は、開発に関わるプロダクトマネージャーやデザイナー、エンジニアなどがコミュニケーションの対象です。この場合、サービスにおけるダッシュボードの構築や施策の効果検証を行ったり、新規サービスの開発の糸口となるインサイトを発見・提供したりすることなどが期待されるでしょう。

　前節で意思決定層とのナラティブの溝についてふれましたが、ほかの

部門においても同様の課題があることは認識してください。

専門外のメンバーにも理解できるように翻訳する

　他部門から見ると、AI・データ分析プロジェクトは難しいことをしていると思われるようです。ビジネス活動から得られるデータを SQL を用いて抽出・集計し、ダッシュボードで可視化するだけでなく、予測モデルを作成するなどのプロセスは、別の部門から近寄りがたい印象を持たれても不思議ではありません。注意しなければならないのは、ほかの部門に対しても分析のアウトプットのまま成果を伝えるようなコミュニケーションです。

　たとえば、自社データで何かしらの分析モデルを作成したとしましょう。このモデルの性能を共有するときに、そのまま AUC などの数値を伝えても、ほかの部門のメンバーには適切にその性能は伝わりません。その結果から、自分たちの施策に与える影響はどの程度なのか、どんな改善効果が見込めるのかなどの翻訳が必要です。

バリューストリームの中の役割を
きちんと意識する

　バリューストリームとは、製品やサービスを顧客に届けるまでの全体的な活動のことです。顧客への付加価値提供はデータ分析チームだけでは完結しません。ほかの部門の専門家の付加価値も総合して、最終的に届けられることが一般的です。

　バリューストリームは基本的に付加価値を創出する業務フローを指しますが、そのフローは明示されず曖昧なままのことが多いです。この場合、自分たちの価値が本当にサービスの付加価値となっているかがわかりにくいため、可視化することをお勧めします。そうすることで、各職種の役割や立ち位置が明確となり、コミュニケーションにおける齟齬もなくなっていきます。たとえば、次に示す図は、企業で製造した商品を販売するバリューストリームのイメージです。ある商品の製造・開発部門が

販売チームや顧客サポートチームに商品を提供します。商品開発にはマーケティング活動やエンジニアリング部門の知見が活用されるでしょう。それらの部門に対して、デザイン部門がUI/UX、データ分析部門がデータによる知見を提供し、価値提供をサポートする場面もあるのです。

>>> **Next Action** <<<

　プロジェクトの中で他部門と関わる際、データを軸としたコミュニケーションを心がけましょう。データを起点としたコミュニケーションは必ずしも全員がすぐに理解できるわけではないので、集計や可視化に加えて言語化するように心がけます。また、自社の価値提供におけるバリューストリームを理解して、個々の役割を理解することで必要なチームに必要なデータを提供できるようにしていきましょう。

図11.9　バリューストリームのイメージ

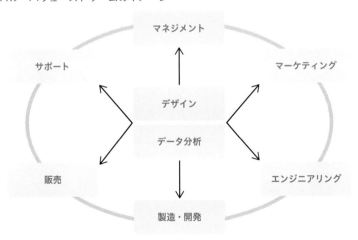

第 11 章のチェックリスト

第 11 章では、収益化について解説してきました。次のチェックリストを参考にして、内容を振り返ってみましょう。

□ 社内共有の 3 つの方法を挙げることができますか？（→ 11-1 節へ）

□ AI・データ分析プロジェクトの収益化に関する 3 つの方法を挙げることができますか？（→ 11-2 節へ）

□ 企業が論文投稿や学会発表をするメリットについて説明できますか？（→ 11-3 節へ）

□ AI・データ分析チームをブランディングするための 3 つの方法を挙げることができますか？（→ 11-4 節へ）

□ 人材獲得に向けた 3 つのステップを挙げることができますか？（→ 11-5 節へ）

□ 外部の専門家から得るべきソフトスキルについて 3 つ挙げることができますか？（→ 11-6 節へ）

□ メンバー育成における継続的な循環サイクルについて説明できますか？（→ 11-7 節へ）

□ なぜ経営層との期待値調整がデータサイエンティストに求められているか説明できますか？（→ 11-8 節へ）

□ データ分析チームが他部署のメンバーと関わる際に配慮すべき点について説明できますか？（→ 11-9 節へ）

11

プロジェクトのバリューと継続性

参考図書

「最強のデータ分析組織 なぜ大阪ガスは成功したのか」河本 薫 著 ,
日経 BP, 2017 年 .

「いちばんやさしいグロースハックの教本 人気講師が教える急成長
マーケティング戦略」金山 裕樹 , 梶谷 健人 著 , インプレス , 2016 年 .

第 **12** 章

||...||

業界事例

12-1 金融業界における事例と動向

12-2 Web 広告業界における事例と動向

12-3 オンラインゲーム業界における事例と動向

12-4 教育業界の事例と動向

12-5 アクセス解析による EC サイトの改善事例

12-6 EC 業界における活用事例

12-7 医療製薬業界の動向と参入時のポイント

金融業界における事例と動向

伊藤徹郎

対象読者		
学生	ジュニア	ミドル
☑	☑	☑

キーワード
クレジットスコアリング、自動仕訳、オープンバンク API

FinTech と称されるように、金融業界はデータやテクノロジーの活用を推進しています。本節では金融業界の代表的な事例として、クレジットスコアリングと会計の自動仕訳の事例を紹介します。最後に、この活用動向を左右する鍵となるオープンバンク API の動向についてもふれます。

クレジットスコアリング

クレジットスコアリングとは、銀行の融資業務の際に法人／個人に対する信用力を算定し、リスクマネジメントの観点から融資額の決定に用いるスコアです。個人への融資で言えば、住宅ローンがイメージしやすいでしょう。金融機関は個人から提出されたさまざまな情報（財務状況やキャッシュフローなど）や過去のデフォルト[*1]率などを加味したうえで、スコアリングします。

　融資部門や審査部門はもちろんのこと、直近では個人向けのスコアリングとして Lending Club（アメリカ）、Kreditech（ドイツ）、J.Score（日本）などの FinTech 企業も活用しています。具体的な手法や特徴量に用いるデータは非公表ですが、Kaggle のコンペティションでも同様のデフォルト予測などが開催されており、馴染みが深い方も多いかもしれません。

[*1]　債務不履行のことで、債券の発行者が破綻などの原因によって、元本や利息の支払いを遅延させたり、停止したりしたあげく、元本の償還が不能となる状況のこと。

会計の自動仕訳

　企業における会計／財務データのオンライン化が始まっています。これまで会計ソフトと言えばインストール型が主流でしたが、近年は会計業務の効率化を図るためクラウド会計が浸透してきました。従来の仕訳処理は会計担当の専門性に依存していましたが、クラウド会計では機械学習を用いた**自動仕訳**サービスが提供されています。仕訳は簿記会計により標準化されており、その教師データを学習して分類するため、精度も高いと言えます。freee、マネーフォワード クラウド、Misoca などのクラウド会計ソフトに同様の機能が実装されています。一方で、個人向けの家計簿などは、個人の規則性にばらつきが大きく自動化しにくい性質があります。

データ活用の鍵はオープンバンク API の動向

　ここまで金融業界のデータ分析事例を紹介してきましたが、この取り組みの推進役となっているのが FinTech 領域における**オープンバンク API** の動向です。もともと銀行の業務システムは早い段階からシステム・データ化され、ATM などを通じて一般の利用者も利便性を享受してきました。

　近年では、その銀行取引を API 化し、その API を金融庁が認めたベンダーに対して開放することで、オープンイノベーションを推進するなどの取り組みが行われています [2]。これは 2018 年 6 月の改正銀行法により、本格的に始まり、すべての金融機関が実施可否の検討を開始しました。まず、参照系 API と呼ばれる銀行のデータを参照する API を 2018 年 9 月、更新系 API と呼ばれる書き込みが可能な API を 2020 年 5 月末までに整備するスケジュールが提唱されています。オープンバンク API が整備されることで、新しい活用事例が生み出されるでしょう。新型コロナウィルスの影響で、当初 2020 年 5 月末までの期限が 9 月末までに延長されましたが今後の業界の活用事例に多くの期待を寄せていきたいところです。

---

[2]　電子決済等代行業者として金融庁に認可された企業しか扱えないため、誰でも使えるわけではないことに注意してください。

>>> Next Action <<<

身近で利用している FinTech サービスがあれば、どのような AI・
データ分析技術が利用されているか調べてみましょう。

図 12.1　クレジットスコア

クレジットスコアが高いと、信用力があるとみなされ、住宅ローンなどの融資の条件がよくなる
クレジットスコアの算出には個人の属性情報や直近のキャッシュフロー情報などが利用される

図 12.2　自動仕訳

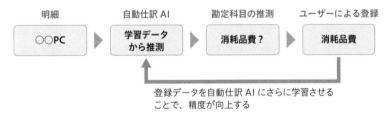

登録データを自動仕訳 AI にさらに学習させる
ことで、精度が向上する

Web 広告業界における事例と動向

12-2

油井志郎

対象読者			キーワード
学生	ジュニア	ミドル	バナーの自動生成、広告配信先の最適化、広告予算配分の最適化
✓	✓	✓	

Web 広告は、個人による数千円の出稿から企業による数億円単位の出稿まで、幅広く運用されています。大きな金額が動く広告ほど高い性能が求められるため、常に新たな技術開発や導入が進んでいます。本節では Web 広告業界の技術や分析手法を紹介します。

バナーの自動生成

　Web 広告のバナーは、案件ごとに訴求したい商品の特性、訴求対象者の特徴、CTR（Click Through Rate：クリック率）がよかったバナーの特徴などを吟味し、デザイナーがイラストの作成や画像の加工をして、1つずつ作成するのが一般的でした。2010 年頃から**バナーの自動生成**技術が発展し、現在は複数の会社がサービスを提供しています。簡易な処理の場合、イラストや加工画像のパーツを用意すれば、自動で組み合わせてバナーを作成できます。バナーの自動生成によって、人件費や制作時間の削減につながっています。

　ディープラーニングを用いて、過去の広告画像やイラストなどの情報を学習させて、パーツ単体やバナーの自動作成も可能になっています。さらに自動生成したバナーのクリック結果を学習して、より最適化されたバナーを自動生成します。

広告配信先と予算配分の最適化

　2000 年代前半までの広告配信は、目立つ広告枠や訴求対象が訪れそう
なサイトの広告枠を人手で選定していました。これでは、広告枠の調査
に時間がかかり、訴求対象が訪れなくても広告が出稿されるなどの問題
がありました。

　現在は、AI やデータ分析によって**広告配信の最適化**を実現するシステ
ムが運用されています。サイトを訪れた人の特性（性別、年代、媒体、キー
ワード、デバイス、エリア、クリック情報など）と訴求内容のマッチン
グ率を算出して、一番反応がよさそうな人に広告が出稿されます。これ
により、出稿者は効率よく広告配信ができるだけでなく、属人化を回避
し、24 時間 365 日稼働が可能になり、運用負荷を軽減できました。さらに、
広告を見る側としても関心の高い広告が表示されます。

　広告出稿においては、複数の配信先への**予算配分の最適化**も課題に上
ります。この課題も 1 件の広告にかける予算の上限と表示・クリック件
数をそれぞれの配信先に設定すれば、効果が期待できる配信先に自動で
出稿するシステムが運用されています。人手で分析して最適化が行われ
ていた Web 広告ですが、ツールにより配信先と広告予算の最適化を実現
し、無駄な広告費を削減できるようになりました。

Web 広告の未来

広告業界では今も技術革新が進み、次のような取り組みがあります。

- キャッチコピーの自動生成
- 広告記事の自動校正、自動生成
- 画像広告や動画広告の自動作成
- 配信先の画像と文面を把握し、広告内容を自動生成
- 顔認証機能を利用し、表情にあった広告をデジタルサイネージを使用してレコメンド [3]

---

[3]　「顔の特徴や感情に合わせて商品やサービスの広告を出しわけるアウトドアメディア「Face Targeting AD（フェイスターゲティング・アド）」」

- 広告内容の自動審査

>>> Next Action <<<

バナーの最適化や広告配信最適化の事例だけでなく、本節の最後に挙げたような最新事例について調べてみましょう。

図 12.3　広告配信最適化 AI

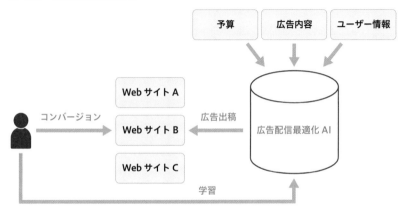

オンラインゲーム業界における事例と動向

油井志郎

対象読者			キーワード
学生	ジュニア	ミドル	ゲームバランス、LTV 最適化、継続利用分析
✓	✓	✓	

日々進化を遂げるオンラインゲーム業界では、さまざまな分析や AI の開発が行われてきました。ソーシャルゲームが出現した数年後に、ビッグデータを用いた分析が盛んに行われ、さまざまな手法や施策が生まれました。本節では、ゲーム業界の事例について解説していきます。

ゲームバランスの調整

オンラインゲームでは、AI・データ分析によって**ゲームバランス**を調整しています。ゲームバランスの調整とは、ゲームが簡単すぎず難しくもならないように調整することで、継続的な利用を促し、さらには課金してもらうために重要な要素です。

ゲームにもさまざまな種類がありますが、たとえばキャラクターがクエストをクリアしながらランクを上げるようなゲームを考えてみます。まずは直近のログイン日数、ユーザーランク（プレイヤーの強さを表す指標）などでユーザーのセグメント分けを行って現状を把握します。そして、ユーザーのゲームの進捗状況や所有アイテムの強さ／使用頻度などと、セグメント別のゲームのプレイ時間やログイン頻度といった熱中度と進捗状況を考慮して、ゲームバランスの調整が行われます。

たとえば、登録初期のランクが低いセグメントで、クエストを毎日プレイしてもクリアできないユーザーが多かったとします。ゲームの開発

段階では、3回程度挑戦すればクリアできる想定が、実際は10回挑戦してもクリアできないなど、テストプレイとユーザーの反応が異なることはよくあります。このクエストを想定した難易度に変更する、クリアしやすくなるキャラを全員にプレゼントするなどの施策を行います。

　このように、誰が、どこで、どのように行き詰まっているかを定量的に調べて、想定どおりに進むゲームバランスに調整します。例に挙げたユーザーセグメントがクリアできない状態が続けば、明日にはゲームをやめてしまうかもしれません。データを見る習慣が重要です。

　トッププレイヤーを飽きさせないためのバランス調整に、強化学習という手法を利用した事例があります。人間があらかじめ正解データを与えて学習させるのではなく、プログラムが試行錯誤しながらボスの強さなどを調整してバランスを最適化するAIが開発されています。これによって人的リソースの削減が実現しています。

LTV 最適化と継続利用分析

　オンラインゲームにおいて、LTV（Life Time Value：顧客生涯価値。ユーザーがどのくらいゲームに課金したか）も重要な指標です。この規模により予算（開発費、広告費）が変動します。

　LTV 最適化では、ゲームをプレイするユーザーにどのようなアクションを行えば、課金したくなるのか分析します。ユーザーランクなどでセグメント分けを行い、セグメント内のLTVが低いユーザーと高いユーザーを比較して、低LTVユーザーから高LTVユーザーに移りやすいクエストやキャンペーンを体験できるようにするのが基本です。セグメント内でLTVが高いユーザーは、さらに上位のセグメントのユーザーと比較して、施策を実行します。

　次に、**継続利用分析**とは、途中でゲームをやめずに遊んでもらうために行います。

　ほかのプレイヤーと一緒にゲームを楽しむことができるギルド（各プレイヤーが所属し、共同で闘うチームのようなもの）や、ユーザー同士で順位を競い合うイベントのランキングなど、他者を意識してプレイす

る要素が多いので、ゲームを活性化させるために継続して利用してもらうことが重要です。

通常は、途中でやめる原因（例：あるクエストをクリアできない）を分析して、施策を検討します。そして、すでにやめたユーザーに対して、ゲームに戻ってくることでアイテムをプレゼントする広告を出すなどの施策を行います。

やめた原因が外部要因（別のゲームが登場したなど）である場合には、どのような施策がよいかを分析するためのデータ取得は困難です。この場合、継続しているユーザーとやめたユーザーの行動を比較し、ゲームをやめてしまう兆候を分析します。そのうえでゲーム継続の改善施策を行います。ユーザーがゲームをやめたあとに継続訴求しても、基本的にゲームに戻ることは少ないので、やめる前に傾向を把握して施策を検討することになります。

このように定量的に分析して、要因を把握し、改善を進めていきます。また、やめる兆候を予測するツールや研究を行っている会社も複数あります。

▌▌ AI の活用の動向

ソーシャルゲームの改善以外にも、ユーザーを飽きさせないために、AI がゲームの動きを学習し、ノンプレイヤー（仮想プレイヤー）の性能を上げることも行われています。有名な事例を次に挙げます。

- AlphaGo
  2016 年度にプロの囲碁棋士に勝利を収めた AI
- NVIDIA GameGAN（NVIDIA Research）
  ゲームのルールを記述した仕様書やプログラムコードなしで、パックマンを再現

>>> **Next Action** <<<

ゲームバランスの調整や利用継続分析の事例を調べてみましょう。

図 12.4　AI によるゲームバランスの調整

12-4 教育業界の事例と動向

伊藤徹郎

本節では教育業界の代表的な事例としてアダプティブラーニングを取り上げ、次にデータサイエンス自体を教育コンテンツとする事例を紹介します。最後に教育業界の現在の状況と今後の見通しについてふれます。

アダプティブラーニング

　近年、教育業界では**アダプティブラーニング**という手法が注目されています。アダプティブラーニングとは適応的学習ともいい、一人一人の学力の違いを考慮し、学習者にとって最適なコンテンツを推薦し、効果を最適化する手法です。国内では Classi、atama+、Qubena などの企業が提供し、世界的には Knewton が知られています。

　アダプティブラーニングには、古くから研究されてきたテスト理論という統計手法が用いられています。このテスト理論を拡張した項目反応理論（IRT）[*4] という手法を利用したサービスが主流となっています。

　項目反応理論を最もイメージしやすいのは視力検査です。難易度の低い問題から始めて、つまずいた部分に複数回取り組みながら、被験者の能力を推定します。アダプティブラーニングでは、測定された能力値に応じた最適なコンテンツが推薦されることで、学習者の能力にあったコ

[*4]　理論についての詳細は豊田秀樹著「項目反応理論 [入門編]」などを参照するとよいでしょう。

ンテンツに取り組めます。

データサイエンス教育

社会人向けの**データサイエンス教育**は、さまざまな企業によって座学や実践を通じた短期集中型のプログラムが提供されています。Pythonによる実践的なデータハンドリングからディープラーニングを活用したモデリングの技術、Flask などのフレームワークを使った API 開発など実践的な内容が多いです。

学校教育に目を向けると、内閣府が令和元年 7 月に発表した AI 戦略によると、すべての学習者にデータサイエンス教育の提供を目指すことが発表されました。学習指導要領の改訂でも、高校生の数学や情報にデータ分析や統計学が盛り込まれています。また、大学教育でも全国 6 大学が主要拠点となり、周辺に協力大学を配置して、統計・データサイエンス教育を全学生が受けられる体制が急ピッチで進んでいます[*5]。また、滋賀大学、横浜市立大学、武蔵野大学がデータサイエンス学部を新設し、高い受験倍率が出ています。今後このような環境を整備する学校が増えていくことも予想できます[*6]。

データサイエンスはこれから

このように教育業界におけるデータサイエンス事例はまだ始まったばかりです。ほかの業界に比べて、ICT 環境の整備が遅れており、データを活用できる状況を作り出すことが目標となっています。これまでは、端末整備の遅れが普及のボトルネックでしたが、2019 年 12 月に 1 人 1 台 ICT 機器（PC やタブレットなど）を配布する法案が国会で承認され、

[*5] 数理・データサイエンス教育強化拠点コンソーシアム
http://www.mi.u-tokyo.ac.jp/consortium/

[*6] 一橋大学が今後ソーシャルデータサイエンス学部を創設
http://www.hit-u.ac.jp/hq-mag/pick_up/372_20200206/
立正大学でも 2021 年 4 月に新設予定
http://www.ris.ac.jp/ds/

2023 年までに実現が見込まれています。この取り組みがスタートすることで、従来の紙による管理が電子化されて、教育における学習データの蓄積が進み、これまで活用できなかった義務教育の領域にまで、データサイエンスの恩恵が広がることが予想されます。

⟫⟫⟫ Next Action ⟪⟪⟪

データサイエンスを学習できるサービスを調べてみましょう。

図 12.5　従来の学習とアダプティブラーニングの違い

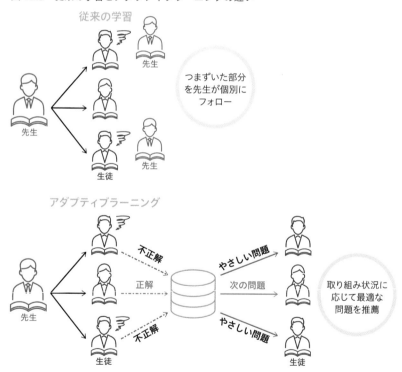

12-5　アクセス解析による EC サイトの改善事例

油井志郎

対象読者			キーワード
学生	ジュニア	ミドル	アクセス解析
✓	✓	✓	

EC サイトでの AI 活用事例は多数あります。本節は EC サイトのサイト改善や施策の PDCA について解説します。

■ アクセス解析による EC サイト改善

　ビッグデータが流行する以前から、Web サイト上の顧客の動きを可視化・分析する**アクセス解析**により、サイト改善は頻繁に行われていました。代表的な Web サイトアクセス解析ツールとしては、Google Analytics[*7] や Adobe Analytics[*8] が挙げられます。これらのツールは、一定期間のアクセス数を計測し、アクセスが多いページ、ユーザーが最初に訪れるページ、離脱したページ、アクセスした人の性別、どこからサイトを訪問したか（検索、広告など）、既存のユーザーが再来訪した割合などを把握して、分析レポートを作成して共有する機能を備えています。

　アクセス解析によるサイト改善のおもな目的は、ユーザーがアクセスしたページから、コンバージョン（商品購入や契約など）に至るページまでの遷移を最適化することです。

[*7] https://www.google.com/url?q=https://analytics.google.com/analytics/web/&sa=D&ust=1602115661323000&usg=AFQjCNE-wsjsh0xQMw9xaVKBd-ccc6u1qg

[*8] https://www.google.com/url?q=https://www.adobe.com/jp/analytics/adobe-analytics-features.html&sa=D&ust=1602115661324000&usg=AFQjCNHZSmfrWXKoqtwEfUsq6Cv0ddSkWg

　現状把握として、アクセスが多い流入元、ユーザーの離脱ポイントの有無や、滞在時間などを確認します。また、ページ遷移が少ないサイトでは、ページごとの滞在時間からユーザーの関心が高い箇所を把握します。

　現状把握を終えたら、コンバージョンまでたどり着いたユーザーと途中で離脱したユーザーの行動を比較します。コンバージョンに至ったユーザーの特徴を把握し、改善を進めます。

　商品によって、アクセスページやサイトの離脱ポイントに、違いが出ることも多いです。たとえば、アクセスは多いが購入が少ない商品の場合、リンクバナーに載っている商品イメージに対して商品紹介ページが異なる印象を与えたり、購入ボタンがわかりにくいかもしれません。また、流入が少ないが CVR が高い商品は、流入が多いページからの導線を強くすれば、流入増を期待できます。このように課題と原因を把握しながら、改善を進めましょう。

　ページの改善施策で、2 パターンの購入ボタンを用意してユーザーにランダムで提示し、どちらが押された回数が多いか検証することで、最適な改善を行う手法があります。これは「A/B テスト」と呼ばれ、サイト改善でよく使われる手法です。

　さらに、AI によるサイト改善を行う企業もあり、人間が正解を与えて学習させるのではなく、機械自身が試行錯誤しながら最適化する強化学習という手法を利用して、コンバージョンに最適なサイト構造を導き出しています。

▌▌購買分析を使用したキャンペーン

　購買履歴とユーザー属性（年齢・性別・利用履歴）の分析によるキャンペーン施策の検討には、売上や購入人数を把握したあとに RFM（Recency ＝直近の購入時期、Frequency ＝購入頻度、Monetary ＝購入金額）分析を行うことが一般的です。

　手順としては、ユーザーを R、F、M を基準に分けて、同じ傾向のユーザーをまとめます。

　たとえば、金額（M）のセグメント分けでは、サイト全体の売上に対して、1 回の購入金額が 10,000 円以上のユーザーが 8 割を占めており、1 回の購

入が9,999 円以下のユーザーは2 割を占めるなどユーザーをセグメント分けするとともに、売上の構成を把握します。

　そして、直近の購入時期（R）や購入頻度（F）の基準でもセグメント分けを行います。RFM のほかに、購買物（商品）を基準に行う場合もあります。

　次に各セグメントはどんな傾向や課題があるか分析を進めます。そして、施策にかかるコストと施策による売上への影響を比較し、ターゲットを決めて、最適な訴求方法を検討しましょう。

　セグメント分けを行うことで、同じ考え方や行動をするユーザーをグループ化できます。そのため、全体に対して施策を行うよりも、対象のセグメントにあったアプローチができます。

　それに加え、効果検証やPDCA を回す場合も、セグメントごとに検証を行うことができ、施策の評価がしやすくなります。さらに、この結果から改善を行うことで必然的にPDCA を回すことができます。

アクセス解析と購買分析

　アクセス解析と購買分析を行い、両方の結果から、改善施策を検討します。

　たとえば、購入単価を上げたい場合は、購入単価でユーザーセグメントを行います。その後、売上に対する貢献度が高いユーザーのサイト内遷移を把握し、同じような商品を購入しているが売上に貢献できていないユーザーに対して、サイト改善やキャンペーンを行います。

　これらの改善施策を同時に行うと効果検証は難しくなりますが、一度に複数の課題に対して施策を行うので、改善した場合は短期間で大きな結果を得られます。

参考資料

　Google Analytics
　　https://analytics.google.com/analytics/web/
　Adobe Analytics
　　https://www.adobe.com/jp/analytics/adobe-analytics-features.html

>>> Next Action <<<

アクセス解析や購買分析の事例を確認してみよう。

図 12.6　アクセス解析によるサイト改善

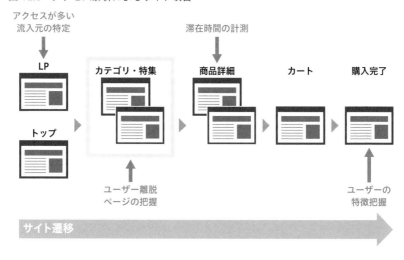

図 12.7　購買分析を使用した、キャンペーン

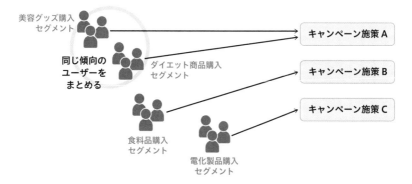

12-6　EC 業界における活用事例

西原成輝

対象読者	キーワード
学生　ジュニア　ミドル ☑　　☑　　☑	レコメンドエンジン、ダイナミック プライシング、ビジュアル検索

EC 業界で機械学習を利用する事例が増えています。本節では、おもな事例としてレコメンドエンジン、ダイナミックプライシング、ビジュアル検索を紹介します。

▌▍ レコメンドエンジン

　最も有名な事例は、Amazon で実装されている**レコメンドエンジン**でしょう。Amazon を利用した人であれば、一度は「この商品をチェックした人はこんな商品もチェックしています」を見かけたことがあると思います。この機能はレコメンドエンジンを用いて実装されています。レコメンドエンジンのしくみは大きく分けて 3 種類あります。

- 協調フィルタリング
- コンテンツベースフィルタリング
- 両方を組み合わせたハイブリッド

　協調フィルタリングはユーザーの行動履歴をもとに商品やコンテンツをお勧めする方法です。「この商品を買った人は○○も買っています」と表示される機能は協調フィルタリングを用いて実装されていることが多いです。コンテンツベースフィルタリングは商品の属性データに基づいて、ユーザーの好みに類似した商品を表示する方法です。協調フィルタリングは行動履歴がないユーザーにはお勧めできないのが弱点（コール

ドスタート問題）です。しかし、コンテンツベースフィルタリングを使用すれば、行動履歴が存在しないユーザーにもレコメンドを表示できます。実際の現場では、協調フィルタリングとコンテンツベースフィルタリングの両方を組み合わせたハイブリッドなレコメンドエンジンを利用することもあるようです。

　最近では、Amazon パーソナライズという名前で、Amazon で実装されているレコメンドエンジンが外部に公開され、誰でも手軽に利用できる技術の 1 つになりました。EC サイトにおいて、レコメンドエンジンはあればよいといったものから、あって当然といったものに変化したとも言えるでしょう。

ダイナミックプライシング

　ダイナミックプライシングとは、需要と供給に応じて動的に価格を変更する技術です。在庫数に応じて価格をルールベースで変更する場合と、過去の取引実績をもとに機械学習で最適化する 2 パターンが存在します。

　繁忙期と閑散期で需要が大幅に変化する業界に適用されています。たとえば、年末年始に飛行機やホテルの価格が高騰する一方、閑散期などは比較的割安に購入できたりします。需要と供給に応じて動的に価格を変更することで、収益の最大化や在庫を抱えるリスクを下げることができます。従来は各業界によって、担当者の勘や経験で値段を決めていましたが、ダイナミックプライシングを導入することで属人性を排除しつつ、最適な価格を算出することができます。ただし、ダイナミックプライシングは今までに経験したことがない突発的な事象には対応できません。時期や時間帯によって変化する需給には対応できますが、たとえばコロナウィルスのような前例がない事象に対しては、需給変化に対応できない場合があります。

ビジュアル検索

　ビジュアル検索とはクエリ画像と類似の画像を検索するサービスです。

おもにファッション向けの EC サイトに導入されています。ブランドや商品名といったテキストだけでなく、画像をもとに検索できるため、商品名がわからない場合でも検索できるなど、検索の利便性が向上します。最近では Instagram や Pinterest などのソーシャルメディアのコンテンツに EC 機能が導入されており、こういった SNS 企業もこの領域に力を入れています。

ビジュアル検索ではディープラーニングを用いることが多いです。それに加え、Object detection、Metric Learning など画像特有の処理で実現されています。画像を扱うため GPU が必須であり、実装コストは前述した 2 つの技術より相対的に高いと言えます。

>>> Next Action <<<

機械学習と EC 業界の施策は非常に相性がよく、ここに記載した以外にもさまざまな応用事例があります。ほかにどのような応用事例があるか調べてみましょう。

図 12.8　レコメンドエンジン

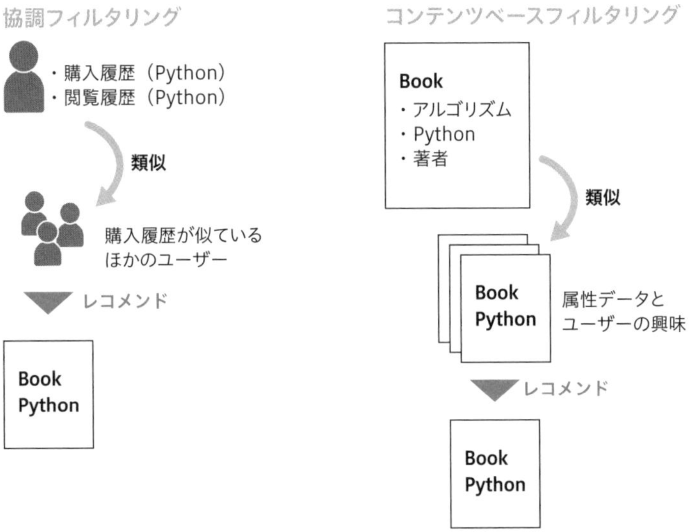

協調フィルタリング

・購入履歴（Python）
・閲覧履歴（Python）

類似

購入履歴が似ている
ほかのユーザー

レコメンド

Book
Python

コンテンツベースフィルタリング

Book
・アルゴリズム
・Python
・著者

類似

Book
Python

属性データと
ユーザーの興味

レコメンド

Book
Python

12-7　医療製薬業界の動向と参入時のポイント

小西哲平

対象読者　学生 ☑　ジュニア ☑　ミドル ☑

キーワード　医用画像解析、創薬、規制

医療、製薬業界において AI の活用は目立つようになりました。医療製薬分野で AI を用いることで医療、創薬の効率化を可能にしています。本節では業界特有の難しさやプロジェクト成功のポイントを説明します。

業界事例

　医療、製薬業界でも AI の活用は進んでいます。たとえば X 線画像や CT 画像から、疾患を推定する AI の開発が行われています。Enlitic 社は**医用画像解析**システムを開発しており、疾患の早期発見をサポートしています。Enlitic 社の発表によると、疾患箇所を可視化することで、放射線科医の解釈を 20％以上高速化し、真陽性率の改善、偽陽性率の 10％以上の削減が示されています。

　また、**創薬**の分野では、twoXAR 社が AI を用いた新薬候補化合物の特定に取り組んでいます。twoXAR 社の発表によると、新薬候補化合物の特定にかかる時間を数年間から数週間に短縮し、肺がん、リウマチ、2 型糖尿病などの治療分野では、動物実験（in vivo）の成功率を大幅に増加させることができています。

AI・データ分析を導入する難しさ

　医療製薬業界へ AI・データ分析を導入するうえで、大きく 3 つの難し

さがあります。

- 人材に医療製薬分野の高い専門性が求められる
- データセットの数が限られる
- 「医師法」、「医薬品、医療機器等の品質、有効性及び安全性の確保等に関する法律」などの規制

　プロジェクトを進めるうえで医療製薬分野専門の知識を理解する必要があります。医療分野であれば、医学的知識に基づきどのような診断がされているか、医療現場の負担や医療システムの一部としてどのように導入していくかを考慮する必要があります。また、製薬分野は、そもそも生物というこの世の中の「誰も正解を知らない複雑なもの」に対して、どうアプローチをするのかを自然科学に対する深い理解に基づき検討する必要があります。課題抽出と仮説立案のためには、それぞれの分野に対する知識が欠かせません。

　理想的な AI 開発のプロセスは、分析結果に対して分析者自らが解釈し、新たなアプローチを考え、再度試すサイクルを回すことです。解釈が困難であれば、このサイクルを回すことができないうえ、その都度専門家とディスカッションする必要があるためスピード感が失われ、課題に適した AI を開発できない可能性もあります。

　また、この分野は、Web サイトのアクセスログや購買履歴のように数十万～数百万のログデータがあるわけではなく、数十～数百人の規模のデータセットであることが多いです。少ないデータセットでも分析できる性能を上げるためのスキル、ノウハウが必要になります。

　さらに、医療製薬業界には「医師法」、「医薬品、医療機器等の品質、有効性及び安全性の確保等に関する法律」という**規制**があり、これらの法律や規制を正しく理解する必要があります。詳細にはふれませんが、たとえば診断、治療などを行う主体は医師であるとされており、AI の出力結果をどのように示すかは注意が必要です。

プロジェクトを成功させるには

プロジェクト成功には次に挙げる 2 点のいずれかを満たす必要があります。

1.分析者自身が医療製薬業界の専門知識を学ぶ
2.社内チームに医療製薬業界の専門家を採用する

1 については、先述のとおりハードルが高いですが、解析結果を分析者自身が解釈できたほうが適切なアプローチを選択できます。書籍などで知識を身に付けるだけではなく、文化や考え方も学ぶことが重要です。筆者は本稿の執筆時に医学部で指導を受けていますが、大学／大学院に通って学習することも有効です。

2 については、社外の連携先に医師や製薬会社を置き、定期的に議論する方法があります。しかし、スピード感が出ないだけでなく、連携先との議論内容の解釈を社内で噛み砕くことが難しくなります。

社内に専門家を置くことで課題を深く理解でき、課題に適した方法をスピーディに実現できるようになります。

AI に関する専門性だけでなく、医療製薬業界の高い専門性が求められるため、非常に参入障壁が高い分野だと言えるでしょう。

>>> Next Action <<<

医療業界で AI・データ分析プロジェクトを行うには専門知識が必要です。独学で習得するかプロジェクトメンバーに専門家を迎え入れるなどの対応を検討しましょう。

図 12.9　医療製薬業界で求められる人物像

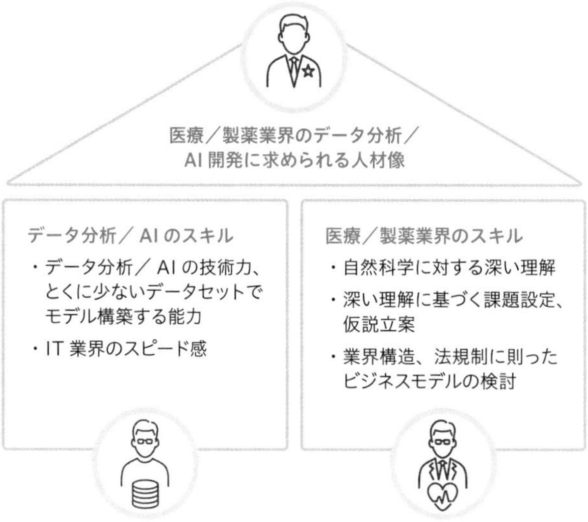

医療／製薬業界のデータ分析／
AI 開発に求められる人材像

データ分析／ AI のスキル

・データ分析／ AI の技術力、
　とくに少ないデータセットで
　モデル構築する能力
・IT 業界のスピード感

医療／製薬業界のスキル

・自然科学に対する深い理解
・深い理解に基づく課題設定、
　仮説立案
・業界構造、法規制に則った
　ビジネスモデルの検討

第 12 章のチェックリスト

第 12 章では、AI・データ分析が各業界でどのように活用されているか、業界事情とともに解説してきました。次のチェックリストを参考にして、内容を振り返ってみましょう。

☐ クレジットスコアリングの目的は何か説明できますか？
（→ 12-1 節へ）

☐ 広告配信の最適化の際に利用されるデータにはどのようなものがあるか挙げることができますか？（→ 12-2 節へ）

☐ LTV 最適化や継続利用に向けた分析では具体的にはどのようなことを行うか説明できますか？（→ 12-3 節へ）

☐ アダプティブラーニングではどのような分析手法が用いられるか挙げることができますか？（→ 12-4 節へ）

☐ アクセス解析、購買分析とはどのようなものか説明できますか？
（→ 12-5 節へ）

☐ 協調フィルタリングとはどのようなものか説明できますか？
（→ 12-6 節へ）

☐ 医療製薬業界へ AI・データ分析を持ち込む難しさについて 3 つのポイントを挙げることができますか？（→ 12-7 節へ）

参考図書

「実践 金融データサイエンス 隠れた構造をあぶり出す 6 つのアプローチ」三菱 UFJ トラスト投資工学研究所 編集, 日本経済新聞出版社, 2018 年.

「ファイナンス機械学習—金融市場分析を変える機械学習アルゴリズムの理論と実践」マルコス・ロペス・デ・プラド 著 , 長尾 慎太郎 , 鹿子木 亨紀 監修 / 訳 , 大和アセットマネジメント 訳 , きんざい , 2019 年 .

「業界別！AI 活用地図 8 業界 36 業種の導入事例が一目でわかる」本橋 洋介 著 , 翔泳社 , 2019 年 .

「テストは何を測るのか—項目反応理論の考え方」光永 悠彦 著 , ナカニシヤ出版 , 2017 年 .

「東京大学のデータサイエンティスト育成講座 Python で手を動かして学ぶデータ分析」塚本 邦尊 , 山田 典一 , 大澤 文孝 著 , 中山 浩太郎 監修 , 松尾 豊 協力 , マイナビ出版 , 2019 年 .

INDEX

A-G

A/A テスト	174
A/B テスト	173
Access	149
AI-Ready	69
API	209
AutoML	212
AWS	215
Azure	215
BATH	9
BI ツール	182, 191, 195
DWH	218
EDA	156
Excel	149
GAFA	8
GCP	215

K-W

KPI	126, 128
LTV 最適化	275
MLOps	225
NoSQL	219
PoC	16, 17, 208
Python	152
R	152
RDB	219
ROI	253
SQL	152, 195
SRE エンジニア	30
Twitter	57
Web サイト	55

あ

アクセス解析	281
アクセス権限の管理	98
アジャイル開発	12
アダプティブラーニング	278
案件獲得	53

い

委任契約	105
イベント	60
イベントへの登壇	246
医用画像解析	289

う

ウェビナー	39
請負契約	105

お

オープンバンク API	269
オフライン検証	162
オンボーディング	255
オンライン検証	163

か

解決手法の検討	76
外注費用	85
外部リソース	252
過去の事例調査	119
カスタムモデル	209
仮説	80
仮説検定	170

課題抽出……………………………117
課題に対するアプローチ…………79
課題の見極め………………………73
課題を聞き出す……………………75
課題を明確化………………………76
学会発表……………………………241

き

機械学習プロジェクト……………206
企画書…………………………………46
技術的な KPI………………………127
技術的な裏付け……………………89
記述統計……………………………169
規制…………………………………290
基礎集計……………………………145
期待値………………………………115
期待値調整…………………18, 259
求人情報……………………………35
教師あり・教師なし………………157
共同研究……………………………241
業務最適化…………………………238
業務範囲……………………………90
業務プロセス………………………204
協力者………………………………73

く

クラウド………………………………6
クラウドサービス…………………153
クレジットスコアリング…………268
グロースハック……………………237

け

ゲームバランス……………………274
継続利用分析………………………275
契約適合責任………………………106

研究職…………………………………29
現状の把握…………………………118
現場のヒアリング…………………118
ゴールの再確認……………………117
効果測定の自動化…………………177

こ

広告配信の最適化…………………272
構造化データ………………………221
行動指針……………………………246
口頭発表……………………………243
個人情報保護法……………………100
コンサルティング…………………239

さ

サービス開発………………………238
再現環境……………………………235
産業構造……………………………83

し

事業会社……………………………33
実験計画法…………………………171
実データ…………………………44, 242
自動仕訳……………………………269
ジャーナル…………………………243
社内勉強会…………………………245
収益化………………………………237
受託分析会社………………………33
情報収集……………………………55
情報発信…………………………53, 59
新規事業創出………………………202
人材戦略……………………………249
深層学習……………………………5
進捗…………………………………133

す

推測統計 170
スキルセット 24, 226
スケジュール 86, 130
ストレージサービス 153

せ

成果の見込み 123
成果物 106
精度 12, 162
セキュリティ 98
先行研究 241
前提条件のすり合わせ 50

そ

創薬 289
ソフトスキル 253

た

ダイナミックプライシング 286
ダッシュボード 178
多変量テスト 175

ち

チャットツール 178
中間テーブル 196

て

ディープラーニング 5
定常レポート 184
データウェアハウス 218, 223
データエンジニアリングスキル 25
データ活用の現状 72
データ基盤 202, 208
データサイエンス教育 279

データサイエンススキル 25
データサイエンティスト 5
データ受領 96
データドリブン 68, 191
データの確認 119
データの管理 98
データの種類 139, 221
データの精査 97
データのデジタル化 139
データの前処理 144
データの不備 143
データ保存 98
データレイク 222
定量化 127
テレワーク 40

と

導入と運用のコスト 149
ドキュメント 122, 234
匿名加工情報 102
トップダウン 69

な

ナラティブの溝 258

に

ニアショア 41

ね

ネクストアクション 184

は

発注者の価値 82
バナーの自動生成 271
バリューストリーム 262

半構造化データ……………………222
ハンズオン……………………………235
バンディットアルゴリズム…………175

ひ

非構造化データ………………………221
ビジネス貢献…………………………202
ビジネススキル………………………24
ビジュアル検索………………………286
ビッグデータ…………………………6
費用対効果……………………167, 188

ふ

不確実性………………………………114
副業……………………………………48
ブランディング………………………245
フリーランス…………………………52
ブログ………………………………55, 59
プログラミング言語…………………150
プロジェクトの位置づけとゴール……79
プロジェクトの全体像………………79
プロダクトマネージャー……………28
分析アプローチ………………………123
分析手法………………………………155
分析ツール……………………………149
分析ツール開発会社…………………33
分析目的………………………………187

へ

勉強会………………………………56, 60

ほ

募集要項……………………………35, 248
ポスター発表…………………………243
ボトムアップ…………………………69

ボトルネック…………………………115

ま

前処理………………………………13, 144

み

見積もり……………………………77, 79

も

目標値…………………………………114
モデルのチューニング………………166
モデルのリプレイス…………………167
モニタリング…………………………164

よ

予算配分の最適化……………………272
予測……………………………………156

り

利益貢献………………………………202
リサーチャー…………………………29
リスク…………………………………48
リスク許容度…………………………83
リソース………………………………131
利用者のスキル………………………149
輪読会…………………………………60

る

類似調査………………………………122

れ

レコメンドエンジン…………………285
レポートの項目………………………182

ろ

論文……………………………………241

著者紹介

| 監修・執筆

大城信晃（おおしろ のぶあき）
NOB DATA 株式会社 代表取締役社長
https://nobdata.co.jp/
ヤフーや LINE Fukuoka などでのデータサイエンティストとしての経験を経て、福岡にて 2018 年 9 月に NOB DATA 株式会社を起業。東京と地方のデータサイエンス環境の大きな差を感じたため、本業と並行し、fukuoka.R、PyData.Fukuoka などの各種勉強会の主催、データサイエンティスト協会九州支部の立ち上げ、リモート環境前提での副業分析者の紹介など、地方の分析人材不足の解消に向けた取り組みを精力的に行っている。著書は「R ではじめるビジネス統計分析」（翔泳社 , 2014）、他。

| 執筆

マスクド・アナライズ

Twitter：@maskedanl
https://note.com/maskedanl
空前の AI ブームに熱狂する IT 業界に、突如現れた謎のマスクマン。" 自称 "AI ベンチャーを退職（クビ）後、ネットとリアルにおいて AI・データサイエンスの啓蒙活動を行う。将来の夢は IT 業界の東京スポーツ。著書に「これからのデータサイエンスビジネス」がある。東京都メキシコ区在住。

伊藤徹郎（いとう てつろう）
Classi 株式会社 データ AI 部 部長 データサイエンティスト
Twitter：@tetsuroito
データ分析が注目され始めたころから受託分析会社や事業会社でデータ分析を活用したプロジェクトを多数経験。その経験から Web での連載、著書執筆、イベント主催など幅広く精力的に活動。最近では、データ分析のチームでプロジェクト推進やマネジメントなどに奮闘中。

小西哲平（こにし てっぺい）
株式会社 biomy CEO
大阪大学大学院基礎工学研究科修了後、NTT ドコモ先進技術研究所にて、位置情報サービスの行動履歴や Web 履歴のデータ解析、AI による動画像解析の研究 / 新規事業開発に従事。NTT ドコモ退社後、IT ベンチャー CTO やバイオテックベンチャー AI Lab 部長などとして複数の会社でのデータ分析 /AI 開発を行い、株式会社 biomy を創業。

西原成輝（にしはら ひでき）
合同会社オコジョ データサイエンティスト
Twitter：@comusou3
LinkedIn：https://www.linkedin.com/in/nishihara-hideki-bb8901b4/
数多くの機械学習プロジェクトに従事した経験あり。分析基盤の設計からアルゴリズムの実装まで、幅広いスキルを持つ。GCP で構成されたアーキテクチャの事例集を調べるのが日課。大企業での勤務経験を経て、社内政治をハックする術を身に付けた珍しいタイプのデータサイエンティストです。

油井志郎（ゆい しろう）
株式会社ししまろ CEO
http://shishimaro.co.jp/
Web デザイナー・ディレクター・マーケターを経て、東証一部上場企業にてソーシャルゲーム・広告データの分析業に従事し分析業界へ。その後、データ分析コンサルティング会社にてさまざまな分析業務・AI 開発を行い、フリーランスを経て、株式会社ししまろを設立。世の中に存在しない面白いサービスと AI の融合を模索中。

■ Staff

装丁・本文デザイン●宮﨑 夏子（トップスタジオデザイン室）
編集・DTP ●株式会社トップスタジオ
編集協力●マスクド・アナライズ
担当●高屋 卓也

AI・データ分析プロジェクト
のすべて
[ビジネス力×技術力＝価値創出]

2021 年 1 月 2 日　初版　第 1 刷発行
2024 年 4 月19 日　初版　第 4 刷発行

監修・著者　大城信晃（おおしろのぶあき）
著　者　マスクド・アナライズ、伊藤徹郎（いとうてつろう）、
　　　　小西哲平（こにしてっぺい）、西原成輝（にしはらひでき）、油井志郎（ゆいしろう）
発行者　片岡　巌
発行所　株式会社技術評論社
　　　　東京都新宿区市谷左内町 21-13
　　　　電話　03-3513-6150　販売促進部
　　　　　　　03-3513-6177　第 5 編集部
印刷／製本　日経印刷株式会社

定価はカバーに表示してあります。

ISBN978-4-297-11758-0　C3055

Printed in Japan

■お問い合わせについて

　本書に関するご質問は記載内容について
のみとさせていただきます。本書の内容以
外のご質問には一切応じられませんので、
あらかじめご了承ください。なお、お電話
でのご質問は受け付けておりませんので、
書面または FAX、弊社 Web サイトのお問
い合わせフォームをご利用ください。

【宛先】
〒 162-0846
　東京都新宿区市谷左内町 21-13
　株式会社技術評論社
　「AI・データ分析プロジェクト
　　のすべて」係
　FAX　03-3513-6173
　URL　https://gihyo.jp

　ご質問の際に記載いただいた個人情報は
回答以外の目的に使用することはありませ
ん。使用後は速やかに個人情報を廃棄します。